Arpan Acharya
Rabindra Nath Misra
Pratap N Mukhopadhyaya

Variações do genoma do VIH-1: Estudo Molecular e Soluções Económicas

Arpan Acharya
Rabindra Nath Misra
Pratap N Mukhopadhyaya

Variações do genoma do VIH-1: Estudo Molecular e Soluções Económicas

ScienciaScripts

Imprint

Cover image: www.ingimage.com

This book is a translation from the original published under ISBN 978-3-659-88817-5.

Publisher:
Sciencia Scripts
is a trademark of
Dodo Books Indian Ocean Ltd. and OmniScriptum S.R.L publishing group

120 High Road, East Finchley, London, N2 9ED, United Kingdom
Str. Armeneasca 28/1, office 1, Chisinau MD-2012, Republic of Moldova, Europe
Managing Directors: Ieva Konstantinova, Victoria Ursu
info@omniscriptum.com

Printed at: see last page
ISBN: 978-620-8-56120-8

Índice

Agradecimentos 2

Abreviaturas 3

Capítulo 1 10

Capítulo 2 26

Capítulo 3 38

Capítulo 4 57

Capítulo 5 79

Capítulo 6 112

Resumo 125

Referências 128

Agradecimentos

Gostaria de expressar o meu profundo sentimento de gratidão e admiração a ambos os meus supervisores de investigação, o Prof. (Dr.) Rabindra Nath Misra e a Dra. Minal Wani, pelo seu apoio ao longo deste trabalho de investigação. A sua motivação, orientação e encorajamento ajudaram-me imenso ao longo deste trabalho de investigação.

Um agradecimento especial é devido à Dra. Neelu Nawani e aos outros membros do comité de investigação pelas suas sugestões e comentários académicos e administrativos em várias fases deste trabalho. Gostaria também de agradecer a todo o corpo docente e aos membros do pessoal do Instituto de Biotecnologia e Bioinformática Dr. D. Y. Patil pela sua maravilhosa interação e apoio que me ajudaram a concluir com êxito o trabalho laboratorial.

Gostaria de expressar o meu profundo agradecimento ao Dr. Salil N Vaniawala, Diretor do S N GENE Lab, Surat, por me ter permitido utilizar o laboratório de biologia molecular de última geração da sua organização para realizar o meu trabalho de investigação. O seu encorajamento e motivação ao longo da investigação inspiraram-me imenso. Um agradecimento especial é também devido a todos os meus colegas de laboratório que estiveram sempre presentes com sugestões construtivas e me fizeram sentir em casa longe de casa durante a realização deste trabalho.

Gostaria de agradecer ao Dr. Pratap N Mukhopadhyaya por me ter encorajado a participar neste trabalho de investigação e por me ter permitido crescer como investigador. Os seus conselhos, tanto a nível da investigação como do desenvolvimento pessoal, foram inestimáveis.

Gostaria também de agradecer a todos os meus familiares e amigos pelo seu sincero encorajamento e inspiração durante todo o curso do meu trabalho de investigação.

Gostaria de expressar o meu profundo sentimento de gratidão aos meus pais por todos os sacrifícios silenciosos que fizeram em todas as fases da minha vida pessoal e académica para me verem alcançar este objetivo na vida. Um agradecimento muito especial à Shree, a minha mulher, e ao Aiju, o meu filho, que suportaram pacientemente a longa separação no tempo e no espaço durante a realização deste trabalho. Quero também agradecer ao meu irmão mais novo, Anjan, que esteve sempre presente para me animar e encorajar, como um verdadeiro amigo, a atingir o meu objetivo.

Por último, mas não menos importante, estou grato a todos os participantes no estudo deste trabalho de investigação pelo seu apoio e por terem aceitado partilhar amostras clínicas que constituíram o pilar fundamental deste trabalho. Desejo-lhes uma vida saudável e sem doenças.

Abreviaturas

°C	Degree Celsius
µg	Microgram
µl	Microliter
3TC	Lamivudine
5' UTR	5' untranslated region
A	Alanine
ABC	Abacavir (abacavir sulfate)
AIDS	Acquired Immune Deficiency Syndrome
ART	Antiretroviral Therapy
ATP	Adenosine triphosphate
ATV	Atazanavir (atazanavir sulfate)
AZT	Zidovudine (azidothymidine)
B-cells	B lymphocytes, an essential component of the humoral immune response
C	Cysteine
CCR5	Human chemokine receptor type 5
CD4	Cluster of differentiation 4 cell surface receptor
CDC	Center for Disease Control
cDNA	complimentary DNA
CI	Confidence interval
cpx	HIV-1 circulating recombinant, whose genome consist of more than two subtypes

CRF	Circulating Recombinant Form
CSW	Commercial Sex Worker
CXCR4	Human C-X-C chemokine receptor type 4
D	Aspartic Acid
d4T	Stavudine
DAA	Direct acting antiviral agents
ddI	Didanosine
DLV	Delavirdine (delavirdine mesylate)
DNA	Deoxyribonucleic acid
dNTP	deoxynucleoside triphosphate
DRV	Darunavir (darunavir ethanolate)
DTG	Dolutegravir
E	Glutamic Acid
E. Coli	*Escherichia coli*
E1	Hepatitis C Virus (HCV) envelope glycoprotein
EDTA	Ethylenediaminetetraacetic acid
EFV	Efavirenz
ELISA	Enzyme linked immunosorbent assay
Env	Envelope
ER	Endoplasmic reticulum
ETR	Etravirine
EVG	Elvitegravir

F	Phenylalanine
FPV	Fosamprenavir (fosamprenavir calcium, FOS-APV)
FTC	Emtricitabine
G	Glycine
G2/M	DNA damage check point between G2 phase and mitosis phase of cell cycle
Gag	Group specific antigen
gp120	Glycoprotein 120
gp41	Glycoprotein 41
H	Histidine
HAART	Highly active antiretroviral therapy
HBV	Hepatitis B Virus
HCV	Hepatitis C Virus
HIV	Human Immunodeficiency Virus
HLA	Human leukocyte antigen
HMA	Heteroduplex mobility assay
HTLV-III	Human T-Lymphotropic Virus type III
I	Isoleucine
IAS-USA	International AIDS Society - United States of America
IC_{50}	50% inhibitory concentration
IDU	Intra-Venus Drug User
IDV	Indinavir (indinavir sulfate)
IN	Integrase

IQR	Interquartile range
IUPAC	International Union of Pure and Applied Chemistry
K	Lysine
KS	Kaposi's Sarcoma
L	Leucine
LAV	Lymphadenopathy Associated Virus
LB medium	Luria-Bertani medium
LTR	Long terminal repeat
M	Methionine
MALDI-TOF	Matrix Assisted Laser Desorption Ionization Time-of-Flight
MCL	Maximum Composite Likelihood
$MgCl_2$	Magnesium Chloride
ml	Milliliter
mRNA	Messenger RNA
MSM	Men having Sex with Men
MVC	Maraviroc
N	Asparagine
NACO	National AIDS Control Organization
NaOH	Sodium hydroxide
NAT	Nucleic acid test
NCBI	National Center for Biotechnology Information
NCI	National Cancer Institute, USA

Nef	Negative factor
NfkB	Nuclear factor Kb is a nuclear transcription factor
NFV	Nelfinavir (nelfinavir mesylate)
ng	Nanogram
NNRTIs	Non-nucleoside reverse transcriptase inhibitors
NRTIs	Nucleoside/nucleotide reverse transcriptase inhibitors
NS3	Nonstructural protein 3
NS5	Nonstructural protein 5
NTC	No template control
NVP	Nevirapine
O.D	Optical density
ORF	Open reading frame
P	Proline
p17	HIV-1 matrix protein
p24	HIV-1 capsid protein
p6	HIV-1 structural protein p6
p7	HIV-1 structural protein p7
PCP	Pneumocystis Carinii Pneumonia
PCR	Polymerase chain reaction
PegIFN	Pegylated interferon alfa
PIC	Pre integration complex
PIs	Protease inhibitors

pmoles	Picomole
PoC	Point of Care
Pol	Polymerase
PR	Protease
Q	Glutamine
R	Arginine
R5 strains	HIV-1 strains that specifically interacts with CCR5 co-receptors
RAL	Raltegravir (raltegravir potassium)
RBV	Ribavirin
Rev	Regulator of viral protein synthesis
RNA	Ribonucleic acid
RPV	Rilpivirine (rilpivirine hydrochloride)
RRE	Rev responsive element
RT	Reverse transcriptase
RT-PCR	Reverse transcriptase polymerase chain reaction
RTV	Ritonavir
S	Serine
SAP	Shrimp Alkaline Phosphatase
SD	Standard deviation
SDS	Sodium dodecyl sulfate
SIV	Simian Immunodeficiency Virus
SQV	Saquinavir (saquinavir mesylate)

T	Threonine
T-20	Enfuvirtide
TAMs	Thymidine analog mutations
Tat	Transcriptional transactivator
TDF	Tenofovir disoproxil fumarate
TGS101	Tumor susceptibility gene 101
TPV	Tipranavir
UNAIDS	Joint United Nations Programme on HIV/AIDS
US-FDA	United States food and drug administration
V	Valine
v3 loop	Third variable loop of HIV-1 gp120
Vif	Virion infectivity factor
Vpr	Viral protein R
Vpu	Viral protein U
W	Tryptophan
WHO	World health organization
X4 strains	HIV-1 strains that specifically interacts with CXCR4 co-receptors
Y	Tyrosine
ZDV	Zidovudine (azidothymidine)

Capítulo 1

Introdução

1.1. Descoberta do Vírus da Imunodeficiência Humana (VIH) e da SIDA

No ano de 1981, o Centro de Controlo de Doenças (CDC) dos Estados Unidos da América comunicou um surto de Sarcoma de Kaposi (KS) entre os homossexuais, em geral considerado um cancro benigno menos grave (Hymes *et al.*, 1981). No mesmo ano, Gottlieb *et al.* (1981) relataram outro surto de Pneumocystis Carinii Pneumonia (PCP) na cidade de Nova Iorque entre homossexuais. Estas duas incidências foram consideradas como a primeira incidência registada da Síndrome de Imunodeficiência Adquirida (SIDA). Seguiu-se um aumento súbito de infecções oportunistas entre homossexuais e doentes hemofílicos (MMWR Weekly, 1982).

No ano de 1983, um grupo de investigadores do Instituto Pasteur de França isolou um novo vírus e sugeriu que este poderia ser o agente responsável pela SIDA. O vírus foi designado por vírus associado à linfadenopatia (LAV) (Barre-Sinoussi *et al.*, 1983). Enquanto a comunidade científica tentava descobrir a causa da SIDA, a doença começou a espalhar-se entre as mulheres e as crianças que não tinham outros factores de risco (Oleske *et al.*, 1983).

No ano de 1984, um grupo de cientistas do National Cancer Institute (NCI, EUA) alegou ter descoberto um novo vírus chamado vírus linfotrópico T humano tipo III (HTLV-III) como sendo o agente responsável pela SIDA (Marx *et al.*, 1984).

Em 1985, foi confirmado que o VLA e o HTLV-III eram o mesmo vírus (Marx *et al.*, 1985). No mesmo ano, a US-FDA aprovou a produção comercial de um teste sanguíneo para detetar a presença de anticorpos contra o VLA/HTLV-III. Como a controvérsia sobre a descoberta inicial do vírus da SIDA continuava por resolver, em 1986 o Comité Internacional de Taxonomia dos Vírus abandonou os dois nomes anteriores do vírus da SIDA e designou-o por Vírus da Imunodeficiência Humana (VIH) (Coffin *et al*, 1986).

1.2. Classificação dos vírus

Existem vários sistemas de classificação dos vírus baseados no tamanho das partículas virais, na forma dos viriões, na composição dos ácidos nucleicos, na estrutura do genoma viral e no modo de replicação. Entre estas, as classificações hierárquica e de Baltimore são as mais utilizadas na literatura científica.

Na classificação hierárquica, os vírus são agrupados em filo, classe, ordem, família, subfamília, género e espécie. Estes agrupamentos são feitos com base no tamanho da partícula viral, na estrutura do capsídeo, na composição genómica e no envelope (presença/ausência).

Na classificação de Baltimore, descrita por David Baltimore em 1971 (Baltimore, 1971), os vírus são agrupados de acordo com o seu modo de replicação do genoma. De acordo com esta classificação, existem sete classes diferentes de vírus:

Vírus de ADN de cadeia dupla: Papilomavírus, vírus da varíola.

Vírus de ADN de cadeia simples: Chlamydiamicrovirus.

Vírus de ARN de cadeia dupla: Entomobirnavírus.

Vírus de ARN de cadeia simples (+) com sentido: Enterovírus, Poliovírus.

Vírus de ARN de cadeia simples com sentido (-): Ebolavírus.

Vírus de ARN de cadeia simples (+) com ADN intermédio no ciclo de vida: Vírus da Imunodeficiência Humana - 1.

Vírus de ADN de cadeia dupla com um intermediário de ARN no ciclo de vida: Orthohepadnavirus.

1.3. Virologia do vírus da imunodeficiência humana

1.3.1. Estrutura e organização genómica do Vírus da Imunodeficiência Humana

O Vírus da Imunodeficiência Humana é um retrovírus. Tem uma forma esférica e o seu diâmetro é de cerca de 110 nanómetros. O invólucro do VIH é composto por uma bicamada lipídica que é derivada da membrana da célula hospedeira durante a formação de novos viriões. Uma vez que o invólucro do VIH é gerado a partir da membrana da célula hospedeira, um certo número de proteínas da membrana da célula hospedeira permanece aprisionado no seu interior. O envelope do VIH tem também duas glicoproteínas, nomeadamente a gp41 e a gp120, compostas por moléculas de açúcar e de proteínas. A gp120 ajuda a ancorar as partículas virais aos receptores CD4 das células T auxiliares, dos macrófagos e dos monócitos, enquanto a gp41 ajuda à fusão das partículas virais com a membrana da célula hospedeira e à entrada do núcleo viral na célula.

O núcleo do VIH tem a forma de um cone e é composto por nucleocapsídeos. Tem duas camadas: a camada exterior é composta pela proteína matricial p17 e a camada interior é composta pela proteína p24. A p17 participa na replicação viral e ajuda à entrada de materiais genéticos virais no interior do invólucro durante a formação de novos vírus (Dorfman *et al.,* 1994). A p24 é a proteína mais abundante no interior do núcleo das partículas de VIH. Ajuda no transporte dos materiais genéticos virais para o nucléolo da célula hospedeira após a entrada e a transcrição reversa. No interior do núcleo, no centro da partícula viral, duas cópias de moléculas de ARN de cadeia simples constituem o genoma do VIH. O material genético permanece ligado à proteína p7 do nucleocapsídeo. A proteína p6 desempenha um papel importante no brotamento viral (Accola *et al.,* 2000). As três enzimas virais, a *saber,* transcriptase reversa, integrase e protease, também permanecem no interior do núcleo do VIH.

A enzima transcriptase reversa (RT) converte a molécula de ARN de cadeia simples do VIH em

ADN de cadeia dupla, que é integrado no genoma da célula hospedeira com a ajuda da enzima integrase. A RT do VIH também tem atividade de ribonuclease, que ajuda a digerir o ARN no híbrido ARN-ADN e a gerar ADN de cadeia simples. Este actua como um modelo durante a formação do ADN de cadeia dupla . A principal função da protease do VIH é clivar os polipéptidos longos sintetizados a partir dos diferentes quadros de leitura abertos (ORF) do genoma do VIH integrado no genoma do hospedeiro para gerar proteínas funcionais.

O material genético do VIH mantém-se sob duas formas: duas cópias de ARN de cadeia simples no interior da partícula viral intacta e um ADN de cadeia dupla integrado no genoma do hospedeiro. Este ADN de cadeia dupla é também conhecido como ADN proviral. O tamanho do genoma do VIH é de cerca de 9,7 KB. O ADN proviral tem duas repetições terminais longas (LTR) nas extremidades 5' e 3' do quadro de leitura aberta do VIH. Estas LTR participam ativamente na integração do genoma viral no cromossoma do hospedeiro e actuam também como promotores durante a transcrição do ADN proviral.

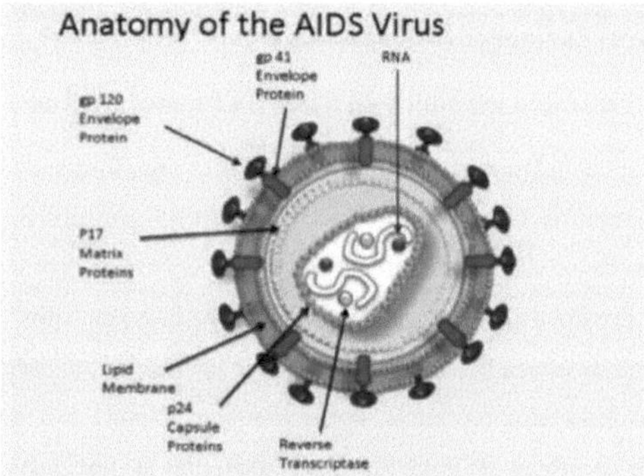

Figura 1.1: Estrutura do Vírus da Imunodeficiência Humana

[Fonte: http://www.itg.be/internet/e-learning/written_lecture_eng/1_hiv_structure.html]

O genoma do VIH tem 9 ORFs sobrepostas que codificam 15 proteínas. A ORF Gag-Pol-Env codifica as enzimas virais, as proteínas estruturais e as glicoproteínas do envelope. Três proteínas reguladoras do VIH são transcritas pelas ORF Tat, Rav e Nef e três proteínas acessórias são geradas pelas ORF Vif, Vpr e Vpu, respetivamente. A Gag-Pol ORF transcreve-se inicialmente como um precursor de 160 KDa $^{Gas\text{-}PQl}$, que é depois autocatalisado para formar a $p55^{Gag}$ e três enzimas virais, transcriptase reversa (RT), protease (PR) e integrase (IN), respetivamente. A $p55^{Gag}$ é clivada pela protease viral para formar a proteína de matriz funcional p17, a proteína do capsídeo p24 e as proteínas do nuleocapsídeo p6 e p7, respetivamente. O Env ORF também é inicialmente transcrito como um precursor de 160 KDa, que, com a ajuda de enzimas da célula hospedeira, é clivado e gera as glicoproteínas gp41 e gp 120. No entanto, os polipéptidos virais longos e não transformados não são funcionais.

Entre as proteínas reguladoras, a Tat é um fator de transcrição e a Nef regula negativamente a expressão de CD4 na célula hospedeira. A proteína Rev liga-se ao elemento responsivo à rev

(RRE) e ajuda na exportação nuclear e no splicing do ARNm do VIH. Entre as três proteínas acessórias do VIH, a Vif participa ativamente na infecciosidade viral e nas interações entre o hospedeiro e o agente patogénico, a Vpu ajuda na libertação de novas partículas virais da célula hospedeira e a Vpr destrói as moléculas CD4 no retículo endoplasmático (ER), ajuda na localização nuclear do complexo de pré-integração viral e interrompe a divisão da célula hospedeira na fase G2/M.

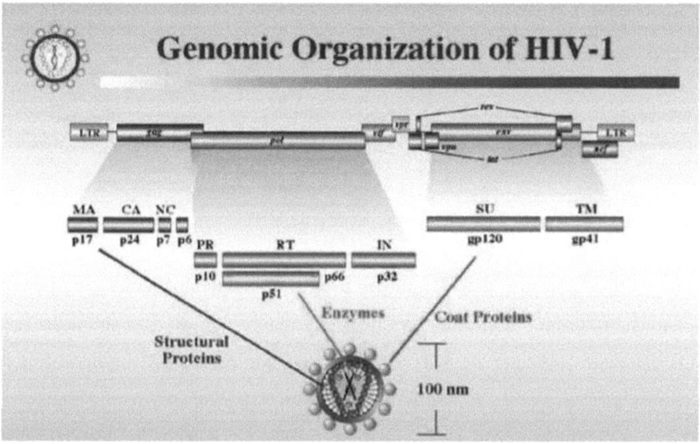

Figura 1.2: Organização genómica do VIH

[Fonte: http://hiv-aids-health.blogspot.in/2008_08_01_archive.html]

1.3.2. Diversidade global e prevalência do VIH

O VIH teve origem na infeção zoonótica com o SIV na África Ocidental. Devido à natureza propensa a erros da enzima transcriptase reversa do VIH, a estrutura genómica do VIH é altamente heterogénea. Com base na variação da sequência do genoma viral e na sua distribuição geográfica, o VIH é classificado em vários grupos e subtipos. Os macacos foram a origem do VIH-1, enquanto o VIH-2 teve origem nos macacos Sooty mengabey (Sharp *etal.*, 2011). O VIH-1 está classificado nos grupos M, N, O e P. Os grupos M, N e O são originários dos chimpanzés e os vírus do grupo P são originários dos gorilas. A distribuição do VIH-2 e dos grupos N, O e P do VIH-1 está principalmente confinada à África Central e Ocidental. O VIH-1 do grupo M está amplamente distribuído por todo o mundo e é responsável pela pandemia de VIH. Este grupo de VIH-1 está classificado em nove subtipos puros com base na sua organização genética e distribuição geográfica. A árvore filogenética dos diferentes clados de VIH está descrita na figura 1.3.

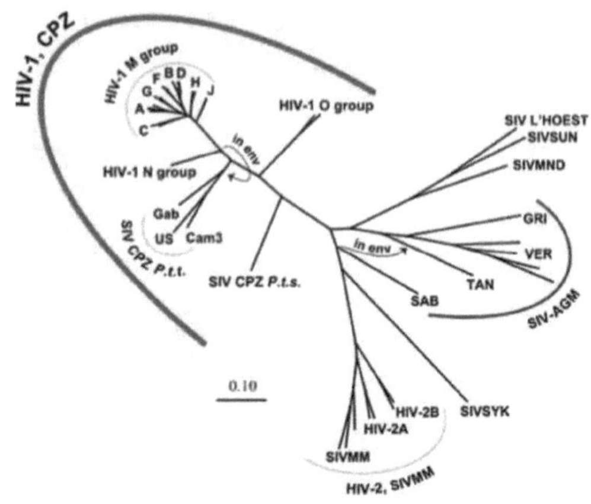

Figura 1.3: Árvore filogenética de diferentes clados de VIH

[Fonte: http://commons.wikimedia.Org/wiki/File:HIV-SIV-phylogenetic-tree.png]

Para além dos subtipos puros do VIH-1, também se encontram em circulação, em diferentes partes do mundo, várias formas recombinantes do VIH-1, que têm origem na recombinação de diferentes subtipos. Os diferentes subtipos de VIH-1 diferem no que respeita à sua taxa de evolução, à resposta à terapia antirretroviral e ao desenvolvimento de resistência aos medicamentos (Abecasis *et al.*, 2009). A distribuição global dos subtipos de VIH-1 e dos recombinantes em circulação é descrita no Quadro 1.1.

Quadro 1.1: Distribuição global dos subtipos de VIH-1 e dos recombinantes em circulação.

(Fonte: http://www.hiv.lanl.gov/content/sequence/HIV/REVIEWS/PEETERS2000/Peeters. html)

Subtipo de VIH-1/CRF	Distribuição global
A	Rússia, República Democrática do Congo e Tanzânia.
B	EUA, países da Europa Ocidental, Japão e Austrália.
C	Índia, Brasil.
D	Líbia, República Democrática do Congo e Tanzânia.
F	Países da África Ocidental.
G	África Central.
H, J e K	Países de África e do Médio Oriente.
CRF01-AE	Países do Sudeste Asiático.
CRF02-AG	África.
CRF03-AB	Rússia.
CRF04-cpx	Grécia, Chipre.

CRF05-DF	República Democrática do Congo.
CRF06-cpx	Mali, Senegal e Nigéria.
CRF07-BC	Noroeste da China.
CRF08-BC	Sudeste da China.
CRF09-cpx	Senegal, EUA.
CRF10-CD	Tanzânia.
CRF11-cpx	Camarões.

De acordo com o relatório da ONUSIDA, cerca de 35,3 milhões de pessoas vivem atualmente com o VIH a nível mundial. Com o avanço da terapia antirretroviral e uma maior sensibilização do público para o VIH e a SIDA, a propagação do vírus diminuiu substancialmente. Em 2012, foram registados globalmente 2,3 milhões de novas infecções pelo VIH, em comparação com 3,4 milhões de novos casos registados em 2001. Embora a transmissão do VIH de mãe para filho tenha diminuído em grande medida graças à TAR e a incidência da via de transmissão heterossexual também tenha diminuído graças à utilização de preservativos, a taxa de transmissão do VIH entre os homens que praticam sexo com homens e os consumidores de drogas injectáveis permanece inalterada. A incidência de mortes entre os doentes com SIDA também diminuiu de 2,3 milhões em 2005 para 1,6 milhões em 2012. Na Índia, cerca de 2,1 milhões de pessoas vivem com o VIH. À semelhança das tendências mundiais, a incidência de novas infecções diminuiu de 0,26 milhões em 2001 para 0,13 milhões em 2012. As infecções oportunistas são um dos principais obstáculos à gestão adequada das doenças relacionadas com o VIH na era da terapia antirretroviral altamente ativa (HAART). A tuberculose é a principal infeção oportunista na Índia entre os doentes com SIDA, seguida da infeção pelo vírus da hepatite C (VHC) e do vírus da hepatite B (VHB). Na Índia, cerca de 1,7 milhões de doentes com VIH necessitam atualmente de TARV, dos quais apenas 0,57 milhões estão a beneficiar do tratamento (UNAIDS REPORT: 2013).

1.3.3. Ciclo de vida do VIH

Depois de infetar um novo hospedeiro, as partículas virais passam pelas seguintes fases para completar um ciclo de vida completo: ligação, entrada, transcrição reversa, integração, transcrição e tradução, brotamento e libertação de novos viriões.

1.3.3.1. Anexo

Depois de entrar nas células hospedeiras, a gp120 ancora-se no recetor CD4 das células T auxiliares. Embora a ligação e a entrada mediadas por CD4 sejam a principal via de entrada viral, a entrada viral independente de CD4 na célula hospedeira também ocorre nos astrócitos, nas células epiteliais renais e noutras (Liu *et al.,* 2004; Chen *et al.,* 2011). A entrada do VIH nestas células gera um repositório viral no cérebro e nos rins, respetivamente. Devido a este facto, nas últimas fases da doença, os doentes sofrem de perturbações neuro-cognitivas e de nefropatia.

Depois de se ligar ao CD4, a gp120 interage com os co-receptores de quimiocinas CCR5 ou CXCR4. A utilização selectiva destes co-receptores é designada por tropismo viral. Os viriões que utilizam os co-receptores CCR5 são designados por M-Tropic e a estirpe viral é designada por estirpes R5. Geralmente, as estirpes R5 aparecem nas fases iniciais da infeção e interagem com as células T auxiliares CD4 activadas e com os macrófagos, pelo que desempenham um papel ativo na transmissão do VIH. Ajudam também a criar um repositório viral no cérebro, nos pulmões e noutras partes do corpo. Os viriões que utilizam os co-receptores CXCR4 são designados por T - Tropic e a estirpe viral é designada por estirpes X4. Aparecem geralmente na última fase da doença e interagem com as células T em repouso. São responsáveis pela rápida destruição das células T CD4 e pela progressão para a SIDA. Também foram detectadas estirpes virais de duplo trópico, capazes de utilizar ambos os co-receptores.

1.3.3.2. Entrada

Após a ligação da partícula viral à célula hospedeira, ocorre uma alteração conformacional na gp41, que orienta a entrada do virião no interior da célula. Segue-se o desacobertamento do invólucro viral e a libertação do ARN.

1.3.3.3. Transcrição inversa

Nesta fase do ciclo de vida viral, o ARN de cadeia simples é convertido em ADN de cadeia dupla com a ajuda da enzima transcriptase reversa. Em seguida, ocorre a montagem e a exportação nuclear do complexo de pré-integração (PIC), que contém o ADN de cadeia dupla do VIH, a proteína matriz, a enzima integrase e a proteína acessória Vpr.

1.3.3.4. Integração

Aqui, o ADN de cadeia dupla do VIH integra-se aleatoriamente no cromossoma do hospedeiro com a ajuda da enzima integrase ou forma-se um ADN de cadeia dupla circular estável (Bushman *et al.,* 1990).

1.3.3.5. Transcrição e tradução

Após a geração do ADN proviral do VIH, a maquinaria da célula hospedeira é utilizada para a transcrição e tradução do genoma viral. Durante a transcrição, o 5' LRT do genoma do VIH actua como promotor. O RNA pol II nuclear do hospedeiro, com a ajuda de factores de transcrição, sintetiza todo o RNA viral. Este ARN é exportado do núcleo e incorporado nas novas partículas virais como material genético ou é dividido e traduzido para formar polipéptidos virais longos e não funcionais.

1.3.3.6. Montagem e desbloqueio

Os polipéptidos virais são clivados com a ajuda da protease do VIH e de outras enzimas da célula hospedeira para dar origem a proteínas funcionais do VIH. Em seguida, são montados perto da membrana plasmática da célula hospedeira e ocorre a formação de novos viriões. Depois disso, a proteína do nucleocapsídeo p6 do VIH interage com o TGS101 e liberta novos vírus no sangue (Bieniasz *etal.*, 2006).

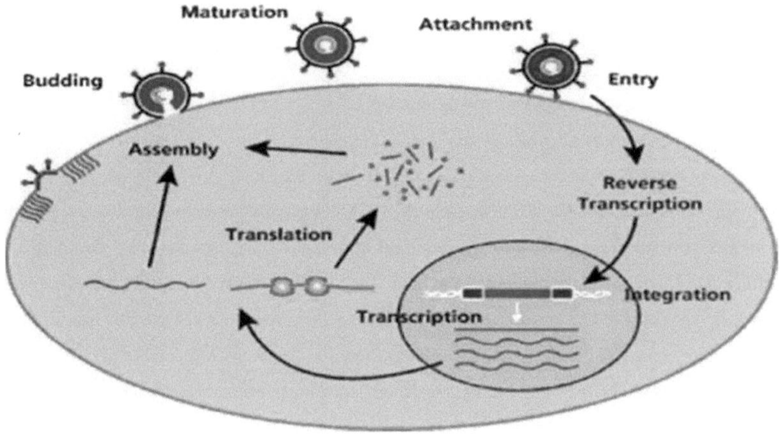

Figura 1.4: Ciclo de vida do Vírus da Imunodeficiência Humana (VIH)

[Fonte: http://sgugeneticsgroup12.pbworks.com/w/page/226078/FrontPage]

1.4. Monitorização da progressão da doença relacionada com o VIH

Após a deteção inicial do VIH num doente, a monitorização da progressão do estado da doença é importante para a qualidade de vida global do doente. Funciona também como uma ferramenta de orientação importante para determinar o momento de iniciar a terapêutica antirretroviral. A contagem de células T CD4 e a carga viral plasmática do VIH são os dois principais instrumentos utilizados para monitorizar a progressão da doença. As contagens de células T CD4 orientam os clínicos para estimar a eficácia da TARV, bem como para conhecer o aparecimento do estado de falha imunológica de um doente. A falha imunológica é uma condição em que a contagem de células T CD4 de um doente em TARV vai diminuindo com o tempo (Faal *et al.*, 2011; Jani *et al.*, 2011).

A monitorização da concentração de viriões de VIH no plasma de um doente infetado é considerada como o padrão de ouro para a monitorização da doença. O teste de carga viral do VIH no plasma baseado no teste de ácido nucleico (NAT) é amplamente utilizado em todo o mundo. No entanto, a implementação deste ensaio na utilização de rotina em contextos de recursos limitados com uma elevada taxa de prevalência do VIH, como a África Subsariana e o Sudeste Asiático, é difícil devido ao elevado custo do teste, à necessidade de laboratórios sofisticados para a realização do teste, à exigência de técnicos altamente qualificados para a interpretação dos resultados e ao transporte de amostras de regiões interiores distantes para o laboratório de referência (Aldous *et al.*, 2009; Usdin *et al.*, 2010). Em alguns casos, o ensaio

EXAVIR v.2 é utilizado para medir a concentração plasmática do VIH. Nesta tecnologia, a atividade da enzima transcriptase reversa do VIH é medida para contar as partículas virais e este teste é cerca de 80% mais económico do que o ensaio de deteção da carga viral baseado no NAT (Steegen *et al.*, 2007). Para além destes testes, a concentração de antigénio p24 baseada no ELISA é também utilizada como marcador de substituição para a deteção da carga viral do VIH.

1.5. Classificação das fases da doença VIH/SIDA

No ano de 2014, o CDC reviu as fases da doença VIH/SIDA. De acordo com o novo guia, as diferentes fases da doença são classificadas em 5 grupos, com a introdução da fase 0, seguida das fases 1, 2, 3 e desconhecida. O estádio 0 é definido como um estado do doente em que, no prazo de 180 dias após uma deteção confirmatória do VIH, outro teste apresenta resultados negativos ou intermédios. Isto ocorre nas fases iniciais da infeção aguda. Os estádios 1 a 3 da doença são classificados com base na contagem de células T CD4 do doente. Na ausência de contagem absoluta de células T CD4, é utilizada a percentagem de células T CD4 na contagem total de linfócitos para o estadiamento da doença. Os pormenores desta classificação estão descritos no Quadro 1.2. Se for detectada alguma das infecções oportunistas relacionadas com a SIDA num doente, independentemente da sua contagem de células T CD4, este é como doença de estádio 3. Se não existirem informações disponíveis sobre a contagem ou a percentagem de células T CD4, o doente é classificado como estando numa fase "desconhecida" (Selik *et al.*, 2014).

Tabela 1.2: Classificação dos estádios 1 a 3 da doença com base na contagem de células T CD4 da patente.

Estágio	Idade à data da análise dos linfócitos T CD4+					
	<1 ano		1-5 anos		>6 anos	
	Células/µl	%	Células/µl	%	Células/µl	%
1	≥1,500	≥34	≥1,000	≥30	≥500	≥26
2	750-1,499	26-33	500-999	22-29	200-499	14-25
3	<750	<26	<500	<22	<200	<14

As diferentes infecções oportunistas e outras complicações relacionadas com o VIH/SIDA são descritas no Quadro 1.3 (Jones *et al.*, 1999).

Quadro 1.3: Infecções oportunistas e outras complicações relacionadas com o VIH/SIDA.

(Adotado do CDC, EUA; http://www.cdc.gov/)

Infecções fúngicas	Candidíase, Coccidioidomicose, Criptococose, Histoplasmose.
Infecções bacterianas	Tuberculose, complexo *Mycobacterium avium, septicemia por Salmonella.*

Infecções virais	Herpes simplex, Citomegalovírus
Infecções parasitárias	Pneumonia por Pneumocystis carinii, criptosporidiose, toxoplasmose.
Malignidades	Sarcoma de Kaposi, linfoma, cancro invasivo do colo do útero.
Outras complicações	Síndrome de definhamento devido ao VIH, co-infeção com o VHB e o VHC, perturbações do sistema nervoso central e periférico.

A Organização Mundial de Saúde (OMS) recomendou o estadiamento da doença VIH/ADIS com base nos achados clínicos de um doente confirmado infetado pelo VIH em contextos de recursos limitados, onde não existe a possibilidade de efetuar a contagem de células T CD4. Os pormenores dos diferentes estádios da doença estão descritos no Quadro 1.4 (OMS: 2007).

Quadro 1.4: Estadiamento da doença VIH/SIDA, tal como recomendado pela OMS.

Fase clínica	Condições clínicas ou sintomas
Infeção primária pelo VIH	Assintomático Síndrome retroviral aguda
Fase clínica 1	Assintomático Linfadenopatia generalizada persistente
Fase clínica 2	Perda de peso moderada e inexplicada (<10% do peso corporal presumido ou medido) Infecções respiratórias recorrentes (sinusite, amigdalite, otite média e faringite) Herpes zoster Queilite angular Ulceração oral recorrente Erupções papulares pruriginosas Dermatite seborreica Infecções fúngicas das unhas
Fase clínica 3	Perda de peso grave inexplicada (>10% do peso corporal presumido ou medido) Diarreia crónica inexplicável durante mais de 1 mês Febre persistente inexplicável durante >1 mês (>37,6°C, intermitente ou constante)

	Candidíase oral persistente (aftas) Leucoplasia pilosa oral Tuberculose pulmonar (atual) Infecções bacterianas graves presumidas (por exemplo, pneumonia, empiema, piomiosite, infeção óssea ou articular, meningite, bacteremia) Estomatite ulcerativa necrotizante aguda, gengivite ou periodontite Anemia inexplicada (hemoglobina <8 g/dL) Neutropenia (neutrófilos <500 células/µL) Trombocitopenia crónica (plaquetas <50 000 células/µL)
Fase clínica 4	Síndroma de perda de peso devido ao VIH, tal como definido pelo CDC (ver Quadro 1, acima) Pneumonia *por Pneumocystis* Pneumonia bacteriana grave recorrente Infeção crónica por herpes simplex (local orolabial, genital ou anorrectal há mais de 1 mês ou herpes visceral em qualquer local) Candidíase esofágica (ou candidíase da traqueia, brônquios ou pulmões) Tuberculose extra-pulmonar Sarcoma de Kaposi Infeção por citomegalovírus (retinite ou infeção de outros órgãos) Toxoplasmose do sistema nervoso central Encefalopatia VIH Criptococos, extra pulmonar (incluindo meningite) Infeção disseminada por micobactérias não tuberculosas Leucoencefalopatia multifocal progressiva Cândida da traqueia, brônquios ou pulmões Criptosporidiose crónica (com diarreia) Isosporíase crónica Micoses disseminadas (por exemplo, histoplasmose,

	coccidioidomicose, peniciliose) Bacteremia recorrente por *Salmonella* não tifoide Linfoma (cerebral ou de células B não-Hodgkin) Carcinoma invasivo do colo do útero Leishmaniose disseminada atípica Nefropatia sintomática associada ao VIH Cardiomiopatia sintomática associada ao VIH Reativação da tripanossomíase americana (meningoencefalite ou miocardite)

1.6. Terapia antirretroviral

Atualmente, estão disponíveis no mercado 6 classes diferentes de medicamentos anti-retrovirais. De acordo com as diretrizes actuais, os doentes com VIH não podem ser tratados com uma única categoria de medicamentos, a chamada monoterapia, que é uma das principais razões para o aparecimento de resistência aos medicamentos na terapia do VIH. A terapia combinada recomendada para o VIH consiste em mais duas categorias diferentes de medicamentos e é denominada terapia antirretroviral altamente ativa (HAART). Após a introdução da HAART no tratamento do VIH, a taxa de mortalidade e morbilidade relacionadas com o VIH/SIDA diminuiu drasticamente. As diferentes classes de anti-retrovirais aprovadas pela US-FDA são as seguintes

Inibidores nucleósidos da transcriptase reversa (NRTI)

Inibidores não nucleósidos da transcriptase reversa (NNRTI)

Inibidores da protease (IPs)

Inibidores de fusão

Inibidores de entrada

Inibidores da integrase

1.6.1. Inibidores nucleósidos da transcriptase reversa (NRTI)

Os NRTI são a primeira categoria de anti-retrovirais descoberta para o tratamento do VIH. São pró-fármacos e permanecem inactivos *in vitro*. Depois de entrarem no sistema humano com a ajuda de cinases celulares, os pró-fármacos inactivos são fosforilados e tornam-se activos. Até à data, foram aprovados pela FDA dos EUA 7 NRTI. São os seguintes:

Zidovudina (azidotimidina; AZT ou ZDV)

Didanosina (ddI)

Estavudina (d4T)

Lamivudina (3TC)

Abacavir (sulfato de abacavir, ABC)

Fumarato de tenofovir disoproxil (tenofovir DF, TDF)

Emtricitabina (FTC)

Os NRTI imitam os dNTPs naturais das células humanas e são incorporados durante o alongamento da cadeia de ADN viral. As moléculas de NRTI não têm o grupo 3'-OH ou têm uma porção de açúcar alterada na sua estrutura. Assim, a continuação do alongamento da cadeia de ADN é bloqueada, uma vez que a ligação fosfodiéster 3'-5' não se forma. Esta terminação pode ocorrer durante a síntese de ADN dependente de ARN ou a síntese de ADN dependente de ADN.

Os viriões do VIH tornam-se resistentes aos NRTIs devido à acumulação de mutações no gene RT. Devido a estas mutações, os NRTI não podem ser incorporados nas cadeias de ADN em alongamento, enquanto a incorporação de dNTPs naturais permanece inalterada. Assim, os NRTI não são capazes de parar o alongamento do ADN e a formação de novas cadeias duplas de ADN continua (Arion *et al.,* 1998; Meyer *et al.,* 1998). A mutação M184V e as mutações associadas no gene RT seguem estas vias de resistência aos NRTI (Shehu-Xhilaga *et al.,* 2005).

Outra via do mecanismo de resistência dos NRTI envolve a pirofosforólise dependente de ATP, em que os NRTI são removidos da cadeia de ADN em alongamento pela transcriptase reversa do VIH com a ajuda de ATP. Assim, o alongamento da cadeia de ADN é retomado (Arion *etal.,* 1998; Boyer *etal.,* 2001). As mutações análogas à timidina (TAM) no gene RT seguem estas vias de resistência aos NRTI (Naeger *et al.,* 2002).

Com a acumulação de mutações de resistência aos fármacos associados aos NRTI, a atividade da enzima RT e a capacidade replicativa do VIH diminuem substancialmente, o que é compensado pela acumulação de mutações secundárias.

1.6.2. Inibidores não nucleósidos da transcriptase reversa (NNRTI)

Os NNRTI são outra classe de inibidores da transcriptase reversa do VIH-1. Ligam-se ao local hidrofóbico alostérico da enzima RT na vizinhança do local ativo da polimerase da enzima e são os seus inibidores não competitivos. Depois de se ligarem à RT do VIH-1, provocam uma alteração conformacional no domínio ativo da enzima e bloqueiam a interação enzima-substrato. Assim, a enzima RT perde a sua atividade de polimerização e o alongamento da nova cadeia de ácido nucleico é terminado (Spence *et al.,* 1995; Rittinger *et al.,* 1995). Uma das caraterísticas únicas dos NNRTI é o facto de só serem eficazes contra a transcriptase reversa do VIH-1. São inactivos contra a enzima RT de todos os outros lentivírus (Gao *etal.,* 2004). Até à data, cinco NNRTI foram aprovados pela FDA dos EUA e são eles:

Nevirapina (NVP)

Delavirdina (mesilato de delavirdina, DLV)

Efavirenz (EFV)

Etravirina (ETR)

Rilpivirina (cloridrato de rilpivirina, RPV)

Os efeitos secundários e o índice de toxicidade dos NNRTI são muito elevados. As mutações nos domínios de ligação dos NNRTI da enzima conferem resistência a estes medicamentos. Todos os fármacos são estruturalmente semelhantes e ligam-se à mesma bolsa de ligação de NNRTI da enzima RT, pelo que existe um elevado nível de resistência cruzada entre diferentes NNRTI. A barreira genética deste grupo de medicamentos é muito pequena, uma vez que uma ou duas mutações resultam num elevado nível de resistência.

1.6.3. Inibidores da protease (IPs)

A protease do VIH-1 é uma enzima proteolítica do grupo das proteases aspárticas. A sua principal função é clivar as poliproteínas gag-pol para gerar proteínas estruturais funcionais do VIH-1 (Kohl *et al.,* 1988). Os inibidores da protease ligam-se ao domínio catalítico ativo da enzima e inibem a sua funcionalidade. São inibidores competitivos da enzima protease (Huff *et al.,* 2001; Louis *etal.,* 2007). Até à data, foram aprovados oito IPs pela FDA dos EUA, nomeadamente

Saquinavir (mesilato de saquinavir, SQV)

Ritonavir (RTV)

Indinavir (sulfato de indinavir, IDV)

Nelfinavir (mesilato de nelfinavir, NFV)

Atazanavir (sulfato de atazanavir, ATV)

Fosamprenavir (fosamprenavir cálcico, FOS-APV, FPV)

Tipranavir (TPV)

Darunavir (etanolato de darunavir, DRV)

Devido às estruturas semelhantes dos IPs, existe uma elevada resistência cruzada entre eles. A resistência aos IPs surge devido à perda de ligação entre as moléculas do fármaco e a enzima, enquanto a enzima mantém a sua capacidade de ligação aos seus substratos naturais. A principal razão para a resistência aos IPs são mutações no domínio ativo enzimático da protease do VIH-1 e à sua volta. A acumulação gradual destas mutações diminui a aptidão viral, que é compensada pelo aparecimento de mutações secundárias (Chang *et al.,* 2011; Menendez-Arias *etal.,* 2003).

1.6.4. Inibidores da integrase

A enzima integrase do VIH é uma proteína de 32 KDa. Contribui para a formação do complexo de pré-integração, para o processamento da extremidade 3'do ADN viral de cadeia dupla e para a transferência da cadeia através da formação de multímeros (Engelman *et al.,* 1993). Os inibidores da integrase bloqueiam a reação de transferência de cadeia durante a integração do genoma viral no cromossoma do hospedeiro, pelo que são também conhecidos como inibidores da transferência de cadeia (McColl *et al.*, 2010). Até à data, foram aprovados pela FDA dos EUA três inibidores da integrase, a saber

Raltegravir (raltegravir potássico, RAL)

Dolutegravir (DTG)

Elvitegravir (EVG)

As mutações no domínio ativo da enzima integrase resultam em resistência aos inibidores da integrase. Estas mutações também reduzem a atividade funcional da enzima e, por conseguinte, a capacidade replicativa do vírus também fica comprometida com a acumulação de mutações inibidoras da integrase (Hare *et al.*, 2010), o que é compensado com o aparecimento de mutações acessórias.

1.6.5. Inibidores de fusão

Uma das partes essenciais da fusão do envelope do vírus VIH com a membrana plasmática da célula hospedeira é a interação entre dois domínios homopoliméricos da gp41 e os co-receptores da célula hospedeira. Os inibidores da fusão são pequenas moléculas peptídicas que imitam uma das glicoproteínas gp41, pelo que se verifica uma interação heteróloga proteína-proteína que impede a interação entre a gp41 e a célula hospedeira, bloqueando assim a fusão viral. O único inibidor de fusão aprovado pela FDA dos EUA é a enfuvirtida (T-20). A resistência ao inibidor de fusão parece dever-se a mutações no domínio C-terminal das glicoproteínas gp41 (Lalezari *et al.*, 2003).

1.6.6. Inibidores de entrada

Esta classe de medicamentos actua sobre os co-receptores da célula hospedeira em vez da partícula viral do VIH. Ligam-se ao domínio transmembranar dos co-receptores CCR5 no seu domínio hidrofóbico. Este local de interação entre o CCR5 e a molécula do fármaco é diferente do domínio de interação do CCR5 e da gp120 dos viriões do VIH. Mas a ligação da molécula do fármaco ao CCR5 provoca uma alteração conformacional que bloqueia a sua ligação à gp120 do VIH. Assim, o vírus não pode entrar na célula hospedeira (Kondru *et al.*, 2008). Como o medicamento se liga especificamente aos coreceptores CCR5, só é eficaz contra as estirpes M5 do VIH-1 e não é capaz de bloquear a entrada das estirpes X4 do VIH-1. O maraviroc (MVC) é o único antagonista CCR5 aprovado pela FDA dos EUA disponível no mercado.

A resistência ao Maraviroc surge devido à mudança de tropismo, à interação dos viriões com os co-receptores CCR5 ligados ao fármaco e a mutações na ansa v3 da gp120 do VIH-1 (Westby *et al.*, 2007; Yuan *et al.*, 2011; Berro *et al.*, 2012). A mudança de tropismo surge em doentes que albergam quase-espécies de estirpes X4 durante o início do tratamento com Maraviroc. medida que o tratamento progride, a população de estirpes M5 diminui gradualmente e a proporção de estirpes X4 aumenta, o que resulta numa mudança de tropismo (Westby *etal.,* 2006).

1.7. Objetivo do trabalho

É evidente que o desafio do VIH/SIDA é de longo prazo e, por conseguinte, exige soluções sólidas e testadas no tempo para o enfrentar. Por conseguinte, a investigação e o desenvolvimento adequados em todo o mundo constituem uma prioridade urgente em matéria de saúde global, tanto para a atual como para a futura geração. Embora tenham sido dados grandes passos neste domínio nas últimas décadas, estes ainda não são suficientes para combater eficazmente a ameaça.

É significativo o facto de que, como o VIH/SIDA afecta principalmente os países de baixo e médio rendimento, o sector privado pode não ter atractivos e incentivos financeiros suficientes para investir em investigação a longo prazo para desenvolver e apresentar novas soluções para lidar com esta doença.

Tendo em conta todos estes aspectos, foram definidos os seguintes objectivos para este trabalho de investigação.

I. Estudo de isolados indianos do genoma viral do VIH-1 e deteção de assinaturas específicas da região.

II. Desenvolver um sistema económico de ensaio da carga viral do VIH-1 especificamente concebido para a população indiana do VIH-1 de subtipo C.

III. Desenvolver um método económico de ensaio de genotipagem da resistência do VIH-1 aos medicamentos que aborde:

a. Identificação de todas as mutações conhecidas no gene pol e

b. Identificação de mutações conhecidas contra todos os principais medicamentos anti-retrovirais atualmente aprovados na Índia.

IV. Desenvolver uma metodologia rápida e económica de genotipagem do VHC para estimar a prevalência de diferentes estirpes de VHC em doentes co-infectados com o VIH-1/VHC, que orientará a conceção adequada de regimes de tratamento.

Capítulo 2

Revisão da literatura

2.1. Variabilidade genética do subtipo C do VIH-1 na Índia

O vírus da imunodeficiência humana foi registado pela primeira vez na cidade de Chennai, em Tamil Nadu, na Índia. Desde então, o vírus espalhou-se significativamente e está agora presente em quase todos os estados do país. No entanto, as análises revelam que a taxa de incidência da infeção é de 0,2-0,3% na maioria dos Estados, exceto em dois Estados do Sul da Índia, onde apresenta um valor elevado de 1%. As razões para esta diferença não são, contudo, claras.

A propagação do VIH-1 na Índia começou com o subtipo genético C, que possivelmente entrou na África do Sul e é, ainda hoje, o subtipo predominante de VIH-1 encontrado no país. A Índia tem atualmente cerca de 2,5-3,1 milhões de doentes infectados com o VIH-1, de acordo com o relatório de incidência divulgado pela Organização Nacional de Controlo da SIDA (NACO; http://www.naco.gov.in/NACO/). Vários grupos de investigação estudaram e publicaram aspectos da epidemiologia molecular, da resistência aos medicamentos, da resposta imunitária e da genética do hospedeiro deste vírus numa perspetiva indiana (Lakhashe *et al.*, 2008; Singh *et al*, 2008; Kandathil, 2005; Godbole *et al.*, 2005; Neogi *et al.*, 2009 & Sood *et al.*, 2008). No entanto, as principais lacunas destes estudos foram a sua análise centrada no Sul da Índia e a ausência de efeitos das alterações genéticas de um ponto de vista funcional. Estes estudos estavam principalmente relacionados com a análise genética do agente patogénico.

Sendo a Índia um país grande, a taxa de incidência do VIH-1 encontra-se frequentemente em bolsas e, além disso, como já foi referido, o Sul da Índia domina o fornecimento da maior parte da informação relacionada com o VIH-1 no país, sendo o Norte e outras partes da Índia exploradas em menor escala em termos de arquitetura genética dos genes do VIH-1 e das suas implicações funcionais.

Foram comunicados novos genes do VIH-1 em mosaico e recombinantes, com uma frequência crescente de genes B/C ou B/C/D, bem como outros eventos de recombinação significativos nos quadros de leitura aberta de múltiplos genes do VIH-1, o que indica os possíveis desafios a enfrentar pelos projectos-padrão de controlo do VIH-1 em curso. Os eventos de cruzamento que ocorrem em quadros de leitura abertos curtos geraram uma diversidade genética única do VIH-1 em certas partes do Norte da Índia (Neogi *et al.*, 2011).

O segredo da profunda diversidade genética observada no genoma do VIH-1 é, em primeiro lugar, o sistema de transcrição reversa do vírus, propenso a erros. A África regista predominantemente o subtipo A do vírus, enquanto a América do Norte e do Sul registam o subtipo B como a principal estirpe que circula na região. Por outro lado, o subcontinente indiano, juntamente com a China e a África do Sul, registam o subtipo C como a estirpe predominante do VIH-1 presente na região. Embora não existam provas científicas sólidas, é tentador concluir que alguma forma de seleção genética enriquece um determinado subtipo numa determinada região geográfica. Um apoio científico distante a esta observação provém do facto de a transmissão de repetições terminais longas do subtipo C do VIH-1 de uma mãe infetada para um filho ser mais eficiente do que a de outros subtipos (Blackard *et al.*, 2001). Esta teoria é ainda mais fundamentada por outra observação que também se baseia num estudo sobre o VIH-1 na Índia (Lakhashe *et al.*, 2008).

Devido à intensa concentração da comunidade científica internacional no subtipo B do VIH-1, que predomina na Europa e nos Estados Unidos da América, o subtipo C continua a ser uma estirpe que tem merecido menos atenção, apesar de ser predominante em grandes partes de África e da Ásia e de contribuir significativamente para a má fama que o VIH-1 alcançou de ser uma pandemia global.

O estudo de ascendência genética indica que, provavelmente, o subtipo de VIH-1 prevalecente na Índia tem a sua origem num subtipo que apareceu no distrito de Karonga, no Malavi, durante a década de 1960 (Travers *et al.*, 2004). Este subtipo continua a ser o mais prevalente (Sahni *et al.*, 2002; Manda *et al.*, 2002 & Kurle *et al.*, 2004), mas outros, como os subtipos B e A, também foram registados em Nova Deli, Punjab, Bengala Ocidental, Manipur, Maharashtra, Andhra Pradesh, Tamil Nadu e Gujarat (Gadkari *et al*, 1998; Kumar *et al.*, 2006; Siddappa *et al.*, 2004; Jameel *et al.*, 1995; Cassol *et al.*, 1996; Tripathy *et al.*, 2005; Rodriguez *et al.*, 2007 & Deshpande *et al.*, 2009).

2.1.1. LTR DO VIH-1

A região promotora LTR do VIH-1 controla a transcrição do vírus e alberga vários sítios de ligação de factores de transcrição. O NfkB é um dos factores de transcrição bem estudados que se ligam a este local. Curiosamente, enquanto a maioria dos subtipos B do VIH-1 tem cerca de 2 cópias desta região, os do subtipo C têm 3 ou mesmo 4, o que indica indiretamente um atributo de expressão genética superior (Neogi *et al.*, 2008). A conclusão geral destes estudos e observações é que as LTRs com elevada capacidade de expressão são transmitidas seletivamente em comparação com as LTRs com fraca expressão (Hiebenthal-Millow *et al.*, 2003).

2.1.2. Tat do VIH-1

Outra proteína importante do VIH-1 que está intrinsecamente associada à expressão e à replicação dos genes é a proteína Tat do VIH-1. É obtida a partir de múltiplos eventos de splicing do transcrito do VIH-1 e, geralmente, o primeiro exão é suficiente para a maioria das suas funções (Jeang *et al.*, 1999). A proteína tem 4 domínios e um dos domínios ricos em cisteína no subtipo C do VIH-1 tem uma mutação C31S crítica. Esta mutação está associada a uma menor incidência de demência associada ao VIH-1 ou HAD no vírus do subtipo C (Ranga *et al.*, 2004). Estudos demonstraram diferenças funcionais específicas dos clados, em que se verificou que a proteína

Tat proveniente do subtipo B é mais eficaz na indução da apoptose nos neurónios do que a sua contraparte C (Mishra *et al.*, 2008).

2.1.3. VIH-1 Vif

O Vif, também conhecido como o fator de infecciosidade do virião, foi documentado em todos os lentivírus. Desempenha um papel na replicação viral e na patogénese (Sheehy *et al.*, 2002) e está principalmente envolvido na desativação da enzima de edição do ADN citidina desaminases, iniciando a sua degradação pela via proteossómica . Foi demonstrado que existe uma variação significativa na sequência de aminoácidos da Vif de um protótipo do vírus VIH-1 do subtipo B em comparação com o seu homólogo do subtipo C (Lole *et al.*, 1999). Foi demonstrada a existência de um isolado de VIH-1 com uma nova recombinação B/C deste gene na Índia (Neogi *et al.*, 2011), o que indica que a novidade genómica específica da geografia é mais comum neste vírus do que se pensava.

2.1.4. Vpr do VIH-1

A Vpr é outra proteína-chave do VIH-1 que desempenha um papel na replicação viral. Sabe-se que está associada à transcrição reversa, à importação nuclear de ADN viral, à paragem do ciclo celular e à ativação do promotor LTR celular e do VIH-1 (Le Rouzic *et al.*, 2005). Os estudos encontraram isolados indianos que são recombinantes dos subtipos B, C e D no que respeita ao gene desta proteína. Acredita-se que tais recombinações críticas dão origem a novas estirpes com adaptabilidade desconhecida, o que também constitui a base da definição da extensão da pandemia de VIH-1 na Índia. Este gene *Vpr*, com 291 nucleótidos de comprimento, é, por conseguinte, um ponto de acesso para o nascimento de novos subtipos no subcontinente (Neogi *et al.*, 2011).

2.1.5. Vpu do VIH-1

Outra proteína do VIH-1, denominada Vpu, está associada à estabilização do supressor de tumores p53 e demonstrou albergar novas mutações através da deleção na região do gene transmembranar. Foi observado um grande número de substituições na extremidade terminal C desta proteína em estirpes de VIH-1 da Índia (Neogi *et al*, 2011).

2.1.6. Invólucro do VIH-1

Pensa-se que a sequência genética do envelope do VIH-1 é a que acumula o número máximo de mutações durante o curso da doença. A região denominada gp41 é um segmento fusogénico, enquanto a gp120 alberga os locais de ligação do recetor CD4 e do co-recetor. Esta região é altamente glicosilada e é conhecida por ser responsável pelo aumento da resposta imunogénica no hospedeiro. Existem atualmente relatórios que indicam mosaicismo envolvendo A, E e G nesta região do vírus, detectado no Sul da Índia já em 1999 (Lole *et al.*, 1999). Dois grupos de investigação diferentes comunicaram novos requisitos em matéria de co-receptores nos subtipos de VIH-1 C isolados da parte sul da Índia, que são conhecidos por iniciar a infeção (Dash *et al.*,

2008 e Gharu *et al.*, 2009).

Foram comunicadas diferenças na neurovirulência entre isolados de VIH-1 do subtipo C da Índia e da África do Sul. A glicoproteína gp120 do envelope é bem conhecida pelo seu papel na transmissão de neurotoxicidade. Demonstrou-se agora que a proteína gp120 dos dois tipos de isolados do VIH-1 de subtipo C provenientes destas duas regiões é claramente distinta. Foi demonstrado que a neurotoxicidade da gp120 de isolados indianos do VIH-1 de subtipo C é menor em comparação com os de origem sul-africana (Rao *et al.*, 2014).

Por conseguinte, é evidente que o aparecimento de novos recombinantes em diferentes partes da Índia tem sido objeto de relatórios periódicos. Estas alterações têm um grande impacto na condução da pandemia nesta região. É possível que estas novas alterações genéticas confiram capacidades de aptidão ao vírus , por um lado, e dêem origem a novos epítopos, por outro, que podem, por sua vez, conferir uma resposta imunitária protetora.

2.2. Monitorização da carga viral do VIH-1 e sua importância

O diagnóstico atempado, o início da terapêutica e a monitorização regular da carga viral plasmática do VIH-1 nos doentes infectados pelo VIH-1 são fundamentais para uma gestão eficaz do VIH/SIDA. Por conseguinte, é necessário um protocolo de despistagem do VIH-1 altamente acessível, sendo a maior parte deles, de preferência, em formato de despistagem Point of Care (PoC).

O diagnóstico do VIH/SIDA pode ser classificado em três grupos. O primeiro consiste em efetuar o diagnóstico primário para verificar se uma pessoa está infetada com o vírus; o segundo consiste em determinar a extensão da infeção, bem como a eficácia dos medicamentos que estão a ser administrados e o terceiro consiste em determinar o perfil de resistência do agente patogénico aos medicamentos, a fim de determinar o conjunto adequado de medicamentos que proporcionaria a melhor remissão possível num determinado momento (Murtagh & Peter, 2010).

2.2.1. Monitorização da carga viral do VIH-1

A determinação da carga viral do VIH-1 num doente é crucial para o estadiamento do doente e para determinar a necessidade de alterar o medicamento ou de iniciar a terapêutica. A atividade da enzima transcriptase reversa (RT) está intimamente ligada à replicação viral. Está relacionada com a carga viral do VIH-1, bem como com a contagem de células T CD4+ (Sivapalasingam *et al.*, 2005). Por conseguinte, a quantificação da atividade desta enzima transcriptase reversa é frequentemente considerada um método para estimar a progressão da doença em locais onde não estão disponíveis infra-estruturas extensas. Este método gera dados em menos tempo e é extremamente económico em comparação com os testes baseados no ADN/ARN (Steegen *et al.*, 2007).

No entanto, este método tem as suas próprias limitações. Os dados gerados pela estimativa da transcriptase reversa não podem ser diretamente comparados com os obtidos pela reação em cadeia da polimerase e/ou outras técnicas baseadas no ADN/ARN e, de facto, verificou-se que sub quantificam a carga viral em situações reais (Sivapalasingam *et al,* 2009 & Labbett *et al.*, 2009). No entanto, uma das vantagens deste método é a sua capacidade de gerar alguma forma de dados em contextos de recursos limitados em que as técnicas baseadas no ADN não estão de todo disponíveis. Outra vantagem deste método é o facto de fornecer informações sobre uma vasta gama de subtipos de VIH-1 e a sua possível utilização em crianças doentes (Steegen *et al.*, 2007).

Este método utilizava originalmente radioisótopos, um contador de cintilação e uma ultracentrifugadora, mas atualmente o processo foi significativamente simplificado. Atualmente, existe apenas uma plataforma comercial disponível, o ExaVir Load, fabricado pela Cavidi AB (UNITAID OMS, 2012; Greengrass *et al.*, 2009). O ensaio tem um intervalo que se correlaciona com cerca de 200 a 600.000 cópias de ARN do VIH-1/mL de amostra de plasma (ou 1 a 3.000 femtogramas fg/mL). Curiosamente, este teste tem uma boa correlação com o bem conhecido ensaio COBAS AMPLICOR Monitor (UNITAID OMS, 2012 e Greengrass *et al,* 2009).

Também se verificou que um método de ensaio semelhante, que estima a proteína central p24, está relacionado com a carga viral do VIH- 1, bem como com a contagem de células T CD4+. No entanto, a sensibilidade é baixa e a correlação é difícil em doentes que estão a receber terapia antirretroviral (Bonard *et al.*, 2003).

No entanto, todo o cenário indica que há margem suficiente para melhorar estas abordagens, a fim de criar um método altamente económico e fiável de estimar a progressão da doença em doentes com VIH/SIDA.

2.2.2. Métodos actuais de estimativa da carga viral do VIH-1

Pode resumir-se que os actuais métodos de monitorização da carga viral do VIH-1 se dividem em: (a) técnicas baseadas em ácidos nucleicos e (b) técnicas não baseadas em ácidos nucleicos. Enquanto as primeiras utilizam o ARN como material de partida para gerar dados, as segundas baseiam-se na determinação das proteínas virais do VIH-1, que se correlacionam com a carga viral do agente patogénico no doente.

Os métodos baseados em ácidos nucleicos variam muito em termos do método de extração do componente crítico de ARN das partículas de vírus presentes na amostra clínica, bem como no método muito básico de estimativa do ARN. Atualmente, são poucos os métodos e os fabricantes e/ou inventores que dominam o cenário. Uma das caraterísticas positivas do método de teste baseado no ácido nucleico é a grande disponibilidade de kits validados e a boa aceitação entre os clínicos.

Os principais kits disponíveis no mercado são o COBAS AmpliPrep/COBAS TaqMan v2.0 (Roche Molecular Systems), o Real-Time HIV-1 (Abbott) e o ensaio VERSANT HIV-1 RNA 1.0 [kPCR] (Siemens). No entanto, com a crescente popularidade das técnicas de biologia molecular, desenvolveram-se também várias técnicas internas e autóctones baseadas em ácidos nucleicos em vários laboratórios de todo o mundo.

Estão também disponíveis técnicas não baseadas em ácidos nucleicos, *embora* com menos popularidade. Trata-se de ensaios de medição da carga viral baseados na atividade da transcriptase reversa do VIH-1 e na quantificação da proteína p24 circulante (UNITAID OMS, 2012).

Durante a infeção inicial de uma pessoa com VIH-1, verifica-se um aumento acentuado dos antigénios virais no sangue, que podem ser detectados utilizando tecnologias de deteção de proteínas estabelecidas. No entanto, estes antigénios desaparecem gradualmente e só emergem mais tarde no doente, quando o sistema imunitário do hospedeiro começa a falhar a sua função. A p24 é uma das principais proteínas do núcleo do VIH-1 e é detectada nas fases primária e tardia da infeção nos doentes, surgindo no prazo de 2 semanas após a contração da doença. A proteína pode ser testada para detetar infecções precoces, em bebés e até para monitorizar a terapia antirretroviral. De facto, antes de as técnicas baseadas em ácidos nucleicos entrarem em voga, este método era o de eleição para estimar a progressão da doença (Zachariah *et al.,* 2011). O ensaio ELISA p24 do VIH-1 da Perkin Elmer foi um kit popular durante este período. Mas as principais limitações que restringiram a sua utilização foram a baixa sensibilidade e o intervalo de deteção muito estreito (10 000 e 30 000 equivalentes de cópias de ARN/mL), o que proibiu a sua utilização na identificação de casos de falha de medicamentos e naqueles em que a replicação viral era baixa (Chow *et al.,* 2008).

O ensaio da carga viral do VIH-1 continua a ser dominado por um padrão de teste centralizado em laboratório e requer infra-estruturas e competências técnicas significativas. Por conseguinte, ainda não está disponível como método de teste no local de prestação de cuidados (PoC). No entanto, existem alguns ensaios destinados a serem utilizados num local de prestação de cuidados que estão atualmente a ser desenvolvidos ou avaliados.

O NAT System (Alere Inc.) possui um sistema capaz de efetuar a medição quantitativa dos grupos M, N e O do VIH-1 e das estirpes do VIH-2 e requer aproximadamente 25 pl de sangue. A máquina a utilizar tem um tamanho pequeno, é portátil, funciona com a ajuda de uma bateria e pode trabalhar em condições remotas e difíceis (UNITAID WHO, 2012 & Laursen, 2012).

O Liat Analyser (IQuum, Inc.) é um sistema de atividade múltipla de plataforma única que efectua a extração de ácido nucleico, a transcrição reversa, a reação em cadeia da polimerase e a deteção, tudo num único fluxo para quantificar o agente patogénico. Este sistema para a estimativa da carga viral do VIH-1 foi amplamente avaliado por vários laboratórios em todo o mundo (UNITAID OMS, 2012).

O sistema de ensaio rápido de ARN do VIH EOSCAPE-HIV é também um processo desenvolvido exclusivamente para um contexto de recursos limitados para estimar a carga viral do VIH-1. Desenvolvido pela Wave 80 Biosciences, o método utiliza métodos baseados em ácidos nucleicos e não nucleicos para determinar a carga viral do VIH-1. Com uma lanceta, são extraídos apenas

100 pl de sangue para carregar um cartucho especial que é depois carregado na máquina para determinar a carga viral. A técnica é rápida, tem uma capacidade mínima de deteção do número de cópias de 1000 cópias/ml de sangue e pode gerar dados no espaço de uma hora utilizando um instrumento com interface de ecrã tátil (UNITAID OMS, 2012).

O SAMBA ou Simple Amplification Based Assay desenvolvido por um laboratório da Universidade de Cambridge tem duas caraterísticas. Uma é a deteção semi-quantitativa da carga viral do VIH-1 e a outra é a deteção qualitativa básica do agente patogénico. O sistema tem uma plataforma integrada que combina extração, amplificação e deteção num único fluxo de trabalho e pode detetar um número de cópias virais tão baixo quanto 400 cópias/ml (UNITAID OMS, 2012).

Sendo a estimativa da carga viral do VIH um padrão de cuidados em todos os locais onde se verificam casos de insucesso do tratamento, foi agora demonstrado que as tecnologias baseadas em ácidos nucleicos possuem a tão necessária sensibilidade de 1000 cópias/ml que é necessária para avaliar a adesão ao tratamento ou o insucesso do tratamento. Factores como a plataforma tecnológica, o volume de plasma introduzido e a capacidade de detetar subtipos de VIH-1 são as principais razões para a variabilidade dos valores da carga viral do VIH nos diferentes laboratórios. Esta é uma das bases para aconselhar a utilização da mesma plataforma ou processo para monitorizar a carga viral do VIH num único doente para uma monitorização precisa da progressão da doença (Sollis *et al.,* 2014).

2.3. Resistência do VIH-1 aos medicamentos

O êxito de qualquer terapia antirretroviral na gestão clínica do VIH-1 depende da formação de uma combinação altamente eficaz de medicamentos que possa reduzir e manter a carga viral a um nível baixo clinicamente significativo. Apesar de ter sido investida uma quantidade significativa de energia e de fundos em todo o mundo na descoberta de tais fármacos e combinações de fármacos, o aparecimento de resistência aos fármacos do VIH-1 continua a ser um dos principais desafios nesta área. Quando os doentes estão infectados com VIH-1 resistente aos medicamentos, as opções terapêuticas tornam-se limitadas e a mortalidade e a morbilidade aumentam. Nos países pobres, estes efeitos são mais pronunciados devido à disponibilidade de menos opções de medicamentos (Hogg *et al.*, 2006 & Palella Jr *et al.,* 2009).

Atualmente, estão disponíveis para o tratamento do VIH-1 seis inibidores nucleósidos e um nucleótido da transcriptase reversa (NRTI), 5 inibidores não nucleósidos da transcriptase reversa (NNRTI), 8 inibidores da protease (IP), 1 inibidor de fusão, 1 antagonista do recetor de quimiocinas 5 (CCR5) e 3 inibidores da integrase, todos pertencentes a 6 classes e totalizando 25 medicamentos anti-retrovirais. O presente estudo e a experiência clínica mostram que é possível uma supressão virológica sustentada durante o tratamento do VIH-1, desde que sejam prescritos ao doente os medicamentos corretos, tendo em conta o cenário em mutação das mutações resistentes aos medicamentos no genoma do vírus.

2.3.1. Base molecular da resistência do VIH-1 aos medicamentos

O genoma do VIH-1 sofre uma taxa muito elevada de mutação genética, que é de quase 1 nucleótido por ciclo de replicação (Mansky, 2002 e Abram *et al.*, 2010). Na maioria das vezes, a infeção num indivíduo ocorre com muito poucos vírus. No entanto, a elevada taxa de replicação de 10^{10} viriões por dia numa pessoa que não faz tratamento resulta na formação de um grande número de vírus, o que está relacionado com um grande número de genomas replicantes que gradualmente acumulam mutações, dando origem ao fenómeno da resistência aos medicamentos (Perelson *et al.*, 1996 & Coffin, 1995). Para além dos eventos de recombinação que dão origem a um grande número de variantes (HU & Temin, 1990 & Levy *et al.*, 2004), os vírus em estado dormente e mantidos no genoma das células hospedeiras também são reactivados, o que complica ainda mais todo o cenário de variação do genoma do VIH-1 num doente.

2.3.2. Resistência fenotípica do VIH-1 aos medicamentos

Este tipo de teste de resistência do VIH aos medicamentos determina a resistência do vírus a um determinado medicamento na presença de várias diluições. Quando o crescimento do vírus é traçado em função da concentração do medicamento, forma-se frequentemente uma curva sigmoide que é utilizada para calcular a concentração do medicamento que inibe 50% dos vírus (IC_{50}).

No entanto, é importante notar que estes dados não podem ser utilizados diretamente para determinar a atividade do medicamento no organismo. Uma experiência semelhante é realizada com um vírus conhecido, suscetível ao medicamento, e a atividade antiviral relativa é expressa. Por conseguinte, neste tipo de teste de resistência aos medicamentos, os resultados são expressos em níveis de resistência em dobro, que é calculada dividindo o IC_{50} do vírus testado pelo do vírus de tipo selvagem. Na maioria das vezes, é necessário um mínimo de 1000 cópias/ml de vírus (em plasma humano) para efetuar um ensaio fenotípico de resistência do VIH-1 aos medicamentos (Tang & Shafer, 2012).

Atualmente, estão disponíveis no mercado dois testes fenotípicos comerciais de resistência do VIH-1 aos medicamentos. Um é o Phenosense da Monogram Biosciences e o outro é o Antivirogram da Virco. Pensa-se que o primeiro é mais sensível do que o segundo e é mais útil para detetar pequenos aumentos de resistência, para além de ser mais reprodutível e fiável (Zhang *et al.*, 2005).

2.3.3. Resistência genotípica aos medicamentos contra o VIH

Esta categoria de ensaio de resistência do VIH-1 aos medicamentos baseia-se na deteção de mutações genéticas nas regiões-alvo dos medicamentos anti-retrovirais, nomeadamente a protease, a transcriptase reversa e, em alguns casos, a integrase e a glicoproteína 41 (gp41). O processo típico começa com a extração do ARN viral, seguida da sua conversão em ADN complementar correspondente (cDNA). Este ADNc é então utilizado como alvo para amplificar uma região específica de interesse dentro do genoma viral, utilizando a conhecida reação em cadeia da polimerase. O ADN amplificado, também designado por amplicon, é então sujeito a sequenciação de ADN utilizando o método de terminação em cadeia de Sanger para deduzir a sequência de nucleótidos da região alvo. Esta região engloba o total de 297 nucleótidos da protease do VIH-1, que correspondem a 99 aminoácidos, e a extremidade 5' da região codificadora da transcriptase reversa, que consiste em 240 aminoácidos iniciais. Esta é também a região em que a mutação resulta na alteração da atividade de um grande número de medicamentos NRTI e NNRTI.

No entanto, é de notar que, para o ensaio genotípico de resistência do VIH-1 aos medicamentos para o gene da integrase, é necessário um teste separado. A razão é que este gene não ocorre em continuação com a protease e a transcriptase reversa e, por conseguinte, não pode ser amplificado através de um único segmento de ADN. A sensibilidade deste teste varia entre 100 e 1000 cópias de ARN do VIH-1 por ml de plasma, dependendo do método utilizado para aumentar a sensibilidade (Mitsuya *et al.,* 2006). É importante comentar que a sensibilidade deste teste, no que diz respeito à capacidade de gerar dados de sequência utilizando um valor de carga viral menor do doente, é bem-vinda porque também resulta na análise de um número menor de variantes de vírus em circulação (Zhang *et al.,* 2005).

2.3.4. Teste de resistência aos medicamentos contra o VIH na prática clínica

É recomendado pelo Departamento de Saúde e Serviços Humanos dos EUA (DHHS) (US department of health and human sciences, 2012), pela Sociedade Internacional de SIDA (IAS-USA) (Hirsch *et al.,* 2008) e pelas diretrizes europeias (Vandamme *et al.,* 2011) que o teste de resistência aos medicamentos para o VIH-1 deve ser efectuado num doente a quem seja diagnosticada a infeção pelo VIH-1 pela primeira vez e também em doentes que não estejam a responder à terapêutica antirretroviral.

Uma das principais razões para recomendar o teste de resistência do VIH aos medicamentos em doentes recentemente infectados com o vírus é que, em caso de atraso no teste, o vírus de tipo selvagem (já presente ou com reversão genética) aumentará gradualmente em número devido à diferença de aptidão em comparação com o vírus mutado e, com o tempo, a análise do teste não será capaz de detetar esta população minoritária resistente aos medicamentos com precisão e confiança suficientes. Pensa-se que os métodos actuais não conseguem detetar uma determinada população de vírus num caso de infeção mista se o seu número for inferior a 20% da população viral total. Além disso, nos casos em que um doente está sob a ameaça de ficar super-infetado e está também a atrasar o tratamento, esses testes repetidos de resistência aos medicamentos são considerados essenciais (Departamento de Saúde e Ciências Humanas dos EUA, 2012).

2.3.5. Variantes minoritárias de resistência aos medicamentos - Importância e implicações da sua não deteção

Acredita-se que o teste genotípico de resistência aos medicamentos é mais sensível do que os seus homólogos fenotípicos. No entanto, uma das principais deficiências do atual método popular de deteção genotípica da resistência aos medicamentos é a sua incapacidade de identificar e analisar variantes minoritárias que estão presentes em números inferiores a ~20% da população viral total num indivíduo infetado. Dado o facto de o conhecimento destas variantes minoritárias ser importante para influenciar a gestão do VIH, foi tentada a sua deteção e análise através de várias tecnologias recentes. Estas incluem a sequenciação clonal por diluição limitante, popularmente conhecida como "sequenciação de genoma único" (Palmer *et al.*, 2005), ensaios de mutação pontual (Johnson *et al.*, 2008) e sequenciação profunda utilizando novas tecnologias de sequenciação maciçamente paralela (Wang *et al*, 2007 & Simen *et al*, 2009).

Os resultados indicam que essas variantes minoritárias não estão apenas presentes em doentes com experiência de medicamentos, mas ocasionalmente também em doentes sem experiência de medicamentos. As implicações terapêuticas de tais variantes são igualmente interessantes. Por exemplo, a presença de uma variante minoritária, mesmo a um nível baixo de 1% e albergando a importante mutação K103N dos NNRTI, pode influenciar grandemente um regime que contenha esta classe de medicamentos (Boltz *et al.*, 2011 & Goodman *et al.*, 2011).

O medicamento Raltegravir é o primeiro inibidor da integrase que foi aprovado pela U.S. Food and Drug Administration. Este fármaco é bem tolerado, tanto em doentes com experiência de medicamentos como em doentes sem experiência de medicamentos (Steigbigel *et al.*, 2008 & Markowitz *et al.*, 2007). As mutações no gene da integrase, tais como Q148H/K/R, N155H e Y143C/H/R, sendo a última menos frequente, são as principais causas de resistência do VIH-1 a este medicamento (Cooper *et al.*, 2008). A importância destas mutações é exemplificada pelo facto de uma alteração de Q148 ou N155 ser suficiente para aumentar a resistência do vírus a este fármaco (Hazuda *et al.*, 2007 & Fransen *et al.*, 2009) com uma redução da suscetibilidade na ordem das 20 vezes. Por conseguinte, a resistência genotípica a este medicamento está também a assumir importância nos últimos tempos.

2.4. Co-infeção do vírus da hepatite C (VHC) no VIH-1/SIDA

Nos últimos tempos, o risco de co-infeção associada ao VIH-1 através da infeção por hepatite C está a assumir proporções alarmantes. Estudos indicam que 12% das mortes de doentes com VIH-1 se devem, de facto, a doenças hepáticas, ao passo que outros estudos indicam que mais de 45% de todas as mortes hospitalares de doentes com VIH-1 se devem a doenças hepáticas em fase terminal (Selik *et al.*, 2002; Bica *et al.*, 2001; Martin *et al.*, 2001; Puoti *et al.*, 2000 & Rosenthal *et al.*, 2003). Devido ao facto de a via de infeção ser comum tanto ao VIH-1 como ao VHC, cerca de 30% de todos os doentes com VIH-1 estão também infectados com VHC na Europa e nos EUA (Sherman *et al.*, 2002 & Rockstroh *et al.*, 2004).

2.4.1. A epidemiologia da co-infeção VIH-1/HCV

Ambas as infecções são atualmente reconhecidas como problemas de saúde mundiais. Com uma estimativa de que mais de 35 milhões de pessoas estão infectadas com o VIH e cerca de 1-3% delas estão co-infectadas com o VHC, pode calcular-se que existem quase 0,35-1,0 milhões de casos de co-infeção VIH-1/VHC na população (Rockstroh *et al.*, 2004 & Alter, 1997).

Embora a via de infeção seja a mesma para ambos os vírus, a infecciosidade do VHC é quase 10 vezes superior à do VIH-1. Esta é a razão pela qual a taxa de co-infeção deste vírus é uma das mais elevadas em doentes com VIH-1 com probabilidades de exposição elevada ao sangue. Quase 60-90% dos hemofílicos e cerca de 50-70% dos utilizadores de drogas intravenosas VIH-1 positivos estão, portanto, co-infectados com ambos os vírus (Eyster *et al.*, 1993 & Rodriguez-Mendez *et al.*, 2003).

2.4.2. Deteção e diagnóstico do VHC em doentes co-infectados com o VIH-1

Devido à capacidade dos viriões do VHC de provocar uma resposta imunológica, a sua presença pode ser estabelecida através da deteção de anticorpos no sangue utilizando a técnica ELISA padrão. No entanto, vale a pena mencionar que a ausência ou a perda de tais anticorpos em doentes numa fase avançada da infeção pelo VIH-1 não indica necessariamente a ausência ou a eliminação do vírus do VHC do organismo. Por conseguinte, um único teste imunológico (ELISA) para a deteção do VHC não deve ser conclusivo e deve ser repetido especialmente em doentes que se encontram numa fase avançada da doença.

No entanto, em cerca de 80% dos doentes com VIH-1 que estão co-infectados com o VHC, este último pode ser detectado no sangue utilizando a técnica ELISA padrão. Além disso, a concentração de ARN do VHC é mais elevada nos seropositivos para o VIH do que nos seronegativos para o VIH-1 (Sherman *et al.*, 1993 & Cribier *et al.*, 1995). Em termos gerais, verifica-se um aumento da concentração média do ARN do VHC em 1 log nos doentes hemofílicos após 2 anos de período de seropositividade para o VIH-1 (Eyster *et al.*, 1994). Este valor aumenta cerca de 8 vezes em doentes infectados com VIH-1 em comparação com os que não estão infectados. Além disso, regista-se que é mais elevado nos doentes que sofrem simultaneamente de insuficiência hepática (Eyster *et al.*, 1994).

2.4.3. HCV em doentes infectados com VIH-1: A evolução natural

A progressão da doença hepática relacionada com o VHC é elevada em doentes infectados com o VHC juntamente com o VIH-1. Num estudo de coorte sobre hemofilia realizado pelo American Multicenter, verificou-se que cerca de 9% dos doentes hemofílicos adultos co-infectados com VHC/VIH submetidos a múltiplas transfusões sofrem de insuficiência hepática, apesar de qualquer infeção oportunista definidora de SIDA ou malignidade relacionada (Eyster *et al.*, 1993). O grupo de controlo, constituído por doentes com VHC semelhante, mas não co-infectados com o VIH-1, não apresentou nenhum caso de insuficiência hepática. Em estudos posteriores, verificou-se que, como os doentes co-infectados com VIH-1/VHC continuam a sofrer de uma imunodeficiência mais elevada, com a contagem de CD4+ a atingir um mínimo de 100 ou menos, a progressão da doença hepática também aumenta (Benhamou *et al.*, 2001). Além disso, o intervalo de tempo entre a infeção pelo VHC e a ocorrência de cirrose hepática diminuiu nos doentes co-infectados pelo VIH-1 em comparação com os seus homólogos não infectados (Soto *et al.*, 1997 & Sanchez-Quijano *et al.*, 1995).

2.4.4. Influência do VHC na infeção pelo VIH-1

O efeito do VHC em doentes infectados pelo VIH-1 não é atualmente muito conclusivo. Num dos estudos, verificou-se que a infeção pelo VHC acelerava a morte relacionada com o VIH-1, principalmente por dificultar a recuperação da contagem de CD4+, mesmo após um ano do início da HAART, em comparação com as pessoas que não sofriam de co-infeção pelo VHC (Greub *et al.*, 2000). No entanto, por outro lado, outros estudos registaram resultados opostos. O estudo de coorte EuroSIDA concluiu que não existe uma relação aparente entre o VHC e a infeção por VIH-1 e que, apesar de co-infectados com o VHC, os doentes com VIH-1 podem atingir uma carga viral plasmática <400 cópias por ml após uma TARV bem sucedida (Rockstroh *et al.*, 2004). Depois de estudar todas estas análises de coortes, parece que, embora a co-infeção de VHC e VIH-1 constitua um perigo grave para a saúde, em comparação com a infeção por este último isoladamente, em termos clínicos, o tratamento de um doente com medicamentos anti-retrovirais adequados pode atingir todos os parâmetros que seriam possíveis se os doentes não estivessem co-infectados (Rockstroh & Spengler, 2004).

A terapêutica com interferão peguilado e ribavarina é uma opção eficaz para o tratamento do VHC em doentes co-infectados com o VIH-1. Foram efectuados estudos para estruturar um algoritmo preditivo que se baseia na genotipagem da interleucina 28B, do VHC e da carga viral do VHC, de modo a que a possível resposta de um doente a esta combinação de medicamentos possa ser determinada previamente. Os resultados indicaram que todos estes três parâmetros eram preditores independentes da resposta ao medicamento (Neukam *et al.*, 2012). No entanto, é de notar que o tratamento do VHC com peg-interferão, embora indicado na maioria dos doentes com VHC e geralmente considerado seguro e eficaz, não deve ser prescrito a doentes que estejam a tomar didanosina (ddI). Além disso, a utilização de zidovudina (AZT) também deve ser minimizada, se possível. Recomenda-se que os doentes com cirrose avançada sejam tratados com precaução e, de preferência, num local onde seja possível efetuar um transplante. Ainda assim, a informação relativa a estes casos de co-infeção é incipiente e é necessária mais investigação para compreender melhor os eventos moleculares e celulares que ocorrem em casos de co-infeção de VIH-1 e VHC (Rotman & Liang, 2009).

Capítulo 3

Estudo de isolados indianos do genoma viral do VIH-1 e deteção de assinaturas específicas da região

3.1. Introdução

No ano de 1986, a Índia notificou o seu primeiro caso de infeção pelo VIH-1 no estado de Tamil Nadu, na parte sul do país (Simões *et al.,* 1987). Desde então, a propagação deste vírus tem sido fenomenal e, de acordo com o relatório da ONUSIDA (2010), com uma população de cerca de 1,10 mil milhões de pessoas, a Índia tem de cuidar de quase 2,4 milhões de pessoas infectadas pelo VIH-1. Isto faz da Índia um dos maiores países do mundo com população infetada pelo VIH-1, sendo a maioria das vias de infeção adquirida através de relações sexuais desprotegidas, embora certas partes do país, especialmente as do nordeste, registem também a transmissão através da utilização de agulhas contaminadas (relatório de progresso nacional da UNGASS, 2007).

A divisão do VIH-1 em subgrupos baseia-se principalmente na análise filogenética das sequências dos genes do envelope (env) e do antigénio específico do grupo (gag). Os três principais grupos identificados são M (principal), O (outlier) e N (não M, não O). O grupo M é ainda classificado em subtipos que variam de A-H, J e K, respetivamente (Simões *et al,* 1987; Kuiken *et al.,* 2000 & Peeters *et al.,* 1997). A região da África Central é dominada pelos subtipos A e D, enquanto o B se encontra principalmente na América do Norte, Europa Ocidental, Austrália e Japão. O subtipo C encontra-se na África do Sul e na Índia, enquanto o E está presente na Tailândia e o F no Brasil e na Roménia, respetivamente (Sahni *et al.*, 2008).

Observou-se que as sequências do subtipo C geradas a partir de amostras de diferentes partes da Índia estão mais estreitamente relacionadas entre si do que com as de outras partes do mundo (Shankarappa *et al.,* 2001). As viagens internacionais aumentaram nos últimos tempos e há um seguimento contínuo de amostras de VIH-1 de um país para outro através de portadores masculinos e femininos (von Reyn *et al.,* 1990), não sendo a Índia uma exceção. No entanto, apesar deste fenómeno, é intrigante a estreita semelhança observada nas amostras do subtipo C do VIH-1 que circulam no país. Isto é tanto mais verdade quanto, num estudo, se verificou que as amostras do subtipo C do VIH-1 na Índia estão estreitamente relacionadas com as encontradas na China, em Myanmar e em Taiwan (Beyrer *et al.*, 2000).

A toxicidade celular (Rook *et al.,* 1987) como forma de reação imunitária foi detectada contra o antigénio p24 conservado do VIH-1, embora se dirija principalmente ao domínio V3 hipervariável do produto do gene env gp120 (Palker et al., 1988 & Takahashi *et al.,* 1988). Além disso, existe uma relação distinta entre a passagem da fase assintomática para a fase sintomática da infeção pelo VIH-1 num doente e a redução paralela dos anticorpos contra p24 e p17 no sangue (Weber *et al.,* 1987). Posteriormente, ficou a saber-se que as proteínas gag desempenham um papel significativo no aparecimento da SIDA, o que aumenta a importância da estrutura antigénica da p24 e da p17.

Na Índia, enquanto os relatórios iniciais indicavam a prevalência do subtipo C (Shankarappa *et al.*, 2001; Shahid *et al.*, 1995 & Tripathy *et al.*, 1996), uma pequena percentagem do subtipo A e do tailandês B (Baskar *et al.*, 1994 e Kurle *et al.*, 2004), os estudos realizados em fases posteriores indicaram a presença de múltiplos subtipos e de amostras recombinantes, possivelmente devido a melhores tecnologias de deteção e a um espetro de rastreio mais amplo (Lole *et al.*, 1999).

O gene env tem sido tradicionalmente o alvo principal da subtipagem do VIH-1 na Índia (Shankarappa *et al.*, 2001; Mandal *et al.*, 2002 & Ramalingam *et al.*, 2005). No entanto, para além da popular genotipagem baseada no domínio C2-V3 (Delwart *et al.*, 1995; Esteves *et al.*, 2002 & Heyndrickx *et al.*, 2000), o domínio crítico gag p24-p7 também tem vindo a emergir como um alvo importante para o estudo da diversidade do VIH-1 (Heyndrickx *et al,* 2000; Cham *et al.*, 2000 & Zhong *et al.*, 2003), particularmente com o desenvolvimento do ensaio de mobilidade heteroduplex (HMA) que explora a variação genética na região gag do genoma do VIH-1 (Heyndrickx *et al.*, 2000 & Buonaguro *et al.*, 2005). Mandal e colaboradores (2002) analisaram anteriormente os subtipos C do VIH-1 com base nos genótipos C2-V3 e C2-V5 num conjunto de mulheres da população do leste da Índia. No entanto, essa análise baseada no gene gag é muito limitada, com um estudo de Kurle e colaboradores (Kurle *et al.*, 2004) sobre uma pequena população da Índia ocidental (Pune) e, um ano mais tarde, de Sengupta et al (2005) sobre outra população da Índia oriental [Calcutá] (Sengupta *et al.*, 2005).

Dada a rápida evolução da complexidade do genoma do VIH-1, sentimos a necessidade de voltar a analisar a filogenia do ADN viral do VIH-1 da Índia ocidental com base no polimorfismo do gene gag, menos focado. No passado, vários grupos concentraram-se no gene gag completo ou numa parte do mesmo que abrangia a região p24-p7 para a subtipagem do VIH-1 e a análise da diversidade genética da Índia e de outras partes do mundo (Sengupta *et al.*, 2005 & Gupta *et al.*, 2005). Em contrapartida, no presente estudo, analisámos uma porção da região N-terminal do gene p24 para verificar se esta região conservada pode ser utilizada para a subtipagem do VIH-1 e, além disso, para detetar a presença de algumas mutações crípticas e conhecidas de escape do gene p24 que se sabe estarem localizadas nesta parte do gene gag do genoma do VIH-1.

3.2. Materiais e métodos

3.2.1. Recolha e tratamento de amostras clínicas

Neste estudo, 285 pessoas de alto risco da Índia foram rastreadas para conhecer o seu estado de VIH. Este grupo de estudo incluiu Trabalhadores do Sexo Comerciais (PSC), Homens que têm

Sexo com Homens (HSH), Utilizadores de Drogas Intra-Venenos (UDI), receptores de transfusões e pessoas que têm sexo com PSC. Este estudo foi aprovado pelo comité de bio-segurança e bio-ética do SN GENE LAB (número de aprovação SNGL/2007/87H). As amostras de sangue foram colhidas em tubos vacutainer K2-EDTA (Becton Dickinson, San Diego, Califórnia) após obtenção do consentimento escrito dos dadores.

O estado da infeção pelo VIH-1 foi confirmado por (a) ensaio rápido Tridot (J. Mitra & Co. Ltd., Nova Deli, Índia) (b) ensaios múltiplos de imunoabsorção enzimática (Biochem Immunosystems, Montreal, Canadá) e (c) análise de western blots (LAV Blot HIV-1, BioRad, França).

Trinta das 285 amostras (10,5%) eram VIH-1 positivas. A população do estudo nunca recebeu terapia antirretroviral. Os antecedentes pormenorizados das pessoas seropositivas para o VIH-1 estão descritos na Tabela 3.1. O ADN proviral do VIH-1 destes 30 indivíduos VIH-1 positivos foi analisado para estudar a diversidade genética no gene p24 gag.

3.2.2. Extração de ADN do sangue

O ADN genómico foi extraído do sangue utilizando o QIAamp DNA blood mini kit 250 (QIAGEN, Alemanha) de acordo com as instruções do fabricante.

3.2.2.1. Procedimento

> Foram adicionados 20 µl de protease e 200 µl de amostra de sangue num tubo de centrifugação de 1,5 ml.

> Foram adicionados duzentos µl de tampão AL (tampão de lise) ao tubo e misturados por vórtex.

> O tubo foi colocado num banho seco a 56°C e incubado durante 10 minutos para lisar completamente as células.

> Depois disso, o tubo foi centrifugado brevemente e adicionou-se etanol absoluto 200 pl previamente arrefecido.

> O conteúdo do tubo foi misturado por agitação em vórtice e novamente centrifugado para fazer descer o conteúdo para o fundo.

> Em seguida, a solução foi transferida para uma coluna de centrifugação QIAamp e centrifugada a 8000 rpm durante 1 minuto.

> O fluxo foi eliminado e adicionaram-se 500 pl de tampão de lavagem AW1 à coluna de centrifugação.

> A coluna de centrifugação foi centrifugada a 8000 rpm durante 1 minuto e o fluxo foi eliminado.

> Em seguida, adicionaram-se 500 pl de tampão de lavagem AW2 à coluna de centrifugação e

centrifugou-se a 14000 rpm durante 3 minutos.

> O fluxo foi então eliminado e a coluna de centrifugação vazia foi centrifugada a 14000 rpm durante 2 minutos para remover completamente qualquer etanol residual da membrana de sílica da coluna.

> A coluna foi então colocada num tubo de centrifugação vazio de 1,5 ml, isento de nuclease, e adicionou-se cuidadosamente 100 pl de tampão AE (tampão de eluição) no centro da coluna e incubou-se à temperatura ambiente durante 1 minuto.

> A coluna de centrifugação foi finalmente centrifugada a 8000 rpm durante 1 minuto e o ADN eluído foi armazenado a -20° C num congelador profundo até ser utilizado.

3.2.3. Quantificação do ADN genómico

A concentração de ADN foi medida utilizando um fluorómetro Qubit2.0 (Invitrogen, EUA) e o kit de ensaio qubit dsDNA BR (Invitrogen, EUA).

3.2.3.1. Procedimento

> A solução de trabalho Qubit foi preparada misturando 199 µl de tampão Qubit e 1 µl de reagente Qubit.

> Num tubo de centrifugação de 0,5 ml, foram adicionados 195 µl de solução de trabalho Qubit e 5 µl de ADN genómico. A solução foi agitada em vórtice para misturar bem e centrifugada brevemente para fazer descer o conteúdo para o fundo do tubo.

> O tubo foi incubado à temperatura ambiente durante 2 minutos no escuro.

> Finalmente, o tubo foi introduzido no fluorómetro Qubit2.0 e a concentração de ADN foi anotada.

3.2.4. Amplificação por PCR do gene gag parcial

O ADN do VIH-1 que compreende um fragmento de 356 pb do gene *gag* correspondente à região entre as posições de aminoácidos 41 a 159 da proteína do nucleocápsido do núcleo p24 foi amplificado por nested PCR utilizando um termociclador Veriti de 96 poços (Applied Biosystems; EUA). A 1.ªronda de PCR foi efectuada utilizando oligonucleótidos primários 5' - TCACCTAGAACTTTGAATGCATGGGG - 3' (forward exterior) e 5' - CTAATACTGTATCATCTGCTCCTGT - 3' (reverse exterior), tal como descrito por Sengupta et.al (2005). Em resumo, foi utilizado 1 micrograma de ADN genómico humano como modelo num volume de reação de 50 microlitros contendo 1,5 mM de $MgCl_2$, 200 mM (cada) de trifosfatos de desoxinucleótidos, 10 pmoles de cada iniciador e 2,0 unidades de *Taq* DNA polimerase (Life Technologies, EUA). As condições de termociclagem da primeira ronda foram as seguintes: 94 °C durante 2 minutos, seguidos de 94 °C durante 30 segundos, 50 °C durante 30 segundos e 72 °C durante 90 segundos, para um total de 35 ciclos e uma extensão final de 7 minutos a 72 °C. O amplicon de PCR aninhado foi gerado utilizando os iniciadores 5'- TCA GCA

TTA TCA GAA GGA GCC AC - 3' (forward interno) e 5'- TCC TTT GGC CCT TGT TTT ATG TC - 3' (reverse interno). Foram utilizados cinco microlitros do produto da primeira ronda de PCR como modelo para a 2nd ronda de PCR, que consistiu em 1,5 mM de $MgCl_2$, 200 mM (cada) de trifosfatos de desoxinucleótidos, 10 pmoles de cada iniciador e 1,0 unidade de *Taq* DNA polimerase (Life Technologies, EUA) num volume total de 25 microlitros. As condições de termociclagem foram as seguintes: 95°C durante 5 minutos, seguidos de 95°C durante 30 segundos, 55°C durante 30 segundos e 72°C durante 30 segundos, num total de 35 ciclos e uma extensão final de 5 minutos a 72°C. Os produtos da PCR foram resolvidos num gel de agarose a 2% (Promega Corporation, Madison, EUA); corados com brometo de etídio (0,5 µg/ml) e a imagem capturada utilizando um sistema de documentação em gel Bio Rad (BIORAD, EUA).

3.2.5. Purificação de amplicões PCR

Os amplicons da PCR foram purificados utilizando o kit de purificação QIAGEN PCR (QIAGEN, Alemanha), de acordo com as instruções do fabricante, para remover reagentes e primers de PCR não utilizados que possam interferir durante a reação de sequenciação do ADN.

3.2.5.1. Procedimento

> Em 20 µl de solução de amplicon PCR, foram adicionados 100 µl de tampão PB (tampão de ligação) e a mistura foi misturada cuidadosamente por vórtex.

> Em seguida, a solução foi transferida para uma coluna QIAquick e centrifugada a 12000 rpm durante 1 minuto.

> O fluxo foi eliminado e foram adicionados à coluna 750 µl de tampão PE (tampão de lavagem).

> A coluna foi centrifugada a 12000 rpm durante 1 minuto e o fluxo eliminado.

> A coluna de centrifugação vazia foi centrifugada a 14000 rpm durante 2 minutos para remover qualquer etanol residual presente na coluna e, em seguida, foi colocada num tubo de centrifugação de 1,5 ml sem nuclease.

> Foram adicionados 20 pl de tampão EB (tampão de eluição) no centro da coluna e esta foi mantida à temperatura ambiente durante 1 minuto.

> Em seguida, o tubo foi centrifugado a 12000 rpm durante 1 minuto, a coluna de centrifugação foi rejeitada e o amplicon PCR purificado foi utilizado para a sequenciação do ADN.

3.2.6. Sequenciação do amplicon PCR de gag

Os produtos de PCR purificados foram submetidos a sequenciação de nucleótidos fluorescentes de cadeia dupla utilizando o BigDye Terminator v3.1 Cycle Sequencing Kit e o ABI PRISM® 3500 Dx Genetic Analyzer (Applied Biosystems, Califórnia), de acordo com as instruções do fabricante.

3.2.6.1. Reação de sequenciação

A composição da reação de sequenciação foi a seguinte

Reagentes	Volume
3.1 Mistura de reação pronta do Big Dye Terminator	0,5 μl
Tampão de sequenciação 5X	2,0 μl
Amplicon PCR	50 ng
Cartilha	3,2 pmols
Água sem nuclease	Até 10 μl

A condição de ciclo térmico foi a seguinte:

Passos	Temperatura	Tempo	Ciclos
Desnaturação	96°C	10 segundos	
Recozimento	50°C	05 seg	25
Alongamento	60°C	4 min	
Manter	4°C	∞	1

3.2.6.2. Limpeza pós-sequenciação

> Nos tubos de PCR de 0,2 ml com a mistura da reação de sequenciação, foram adicionados 2,5 μl de EDTA 125 mM (pH 8,0) e 60 μl de etanol absoluto previamente arrefecido. Todo o conteúdo do tubo foi misturado cuidadosamente com uma pancada e incubado à temperatura ambiente durante 15 minutos.

> O tubo foi centrifugado a 12000 rpm durante 20 minutos numa centrífuga refrigerada mantida a 4°C.

> O sobrenadante foi eliminado e foram adicionados ao tubo 60 μl de etanol a 70% previamente arrefecido.

> O tubo foi então centrifugado a 10000 rpm durante 10 minutos numa centrífuga refrigerada mantida a 4°C.

> O sobrenadante foi novamente eliminado e foram adicionados ao tubo 60 μl de etanol a 70% previamente arrefecido.

> O tubo foi finalmente centrifugado a 10000 rpm durante 10 minutos numa centrifugadora refrigerada mantida a 4°C e seco ao ar durante 60 minutos à temperatura ambiente.

3.2.6.3. Eletroforese capilar em analisador genético automático

Foram adicionados 10 μl de formamida Hi-Di ao tubo e misturados com uma pancada. Em seguida, o tubo foi colocado num termociclador durante 5 minutos a 95° C, para desnaturar as amostras. Após o choque térmico, o tubo foi colocado em gelo para arrefecimento instantâneo. Em seguida, a amostra foi transferida para uma placa de reação de 96 poços e colocada no analisador genético 3500DX.

3.2.7. Análise de sequências

No final da eletroforese, os dados brutos das sequências foram analisados utilizando o software de análise de sequências v4.5. Os dados da sequência de cadeia dupla gerados para cada amostra foram alinhados com a sequência de referência do HIV-1 HXB2 e as sequências de nucleótidos editadas foram enviadas para o NCBI GenBank. Os números de acesso (ver abaixo) atribuídos às sequências foram utilizados para análise posterior.

3.2.8. Alinhamento de sequências e construção de árvores filogenéticas

Todas as 30 sequências de nucleótidos foram alinhadas com um painel de referência de sequências comunicadas de diferentes regiões geográficas disponíveis na base de dados de sequências do VIH (http: / / www . hiv . lanl . gov / content / index) fornecida pelo Laboratório Nacional de Los Alamos gerido pela Universidade da Califórnia, EUA, para estudar o padrão de substituição de nucleótidos entre elas. O painel de referência incluía 27 sequências de diferentes amostras globais com a mesma região p24 do VIH-1 e que consistiam em todos os subtipos (A a K), incluindo amostras dos grupos N e O (utilizadas como amostras anómalas). Foram selecionadas duas sequências de cada subtipo de referência para comparação. Os alinhamentos múltiplos de foram efectuados utilizando o programa ClustalW. As análises filogenéticas e de evolução molecular foram efectuadas com o programa MEGA, versão 5.1 (Tamura *et al.,* 2011). A árvore filogenética foi construída utilizando o método Neighbor-Joining (Saitou *et al.,* 1987). É apresentada a árvore óptima com a soma do comprimento dos ramos = 1,91098138. A percentagem de árvores replicadas em que os taxa associados se agruparam no teste de bootstrap (1000 réplicas) é apresentada junto aos ramos (Felsenstein *et al.,* 1985). A árvore está desenhada à escala, com os comprimentos dos ramos na mesma unidade que as distâncias evolutivas utilizadas para inferir a árvore filogenética. As distâncias evolutivas foram calculadas usando o método de Máxima Verossimilhança Composta (Tamura *et al.,* 2004) e estão em unidades do número de substituições de bases por sítio. A variação da taxa entre sítios foi modelada com uma distribuição gama (parâmetro de forma = 1). Os subtipos das amostras foram também determinados utilizando a REGA HIV-1 & 2 Automated Subtyping Tool (Versão 2.0) e comparados com os resultados da nossa análise filogenética.

Foi construída outra árvore para estudar a distribuição e o padrão das sequências de teste com sequências do subtipo C do VIH-1 de outros países. A história evolutiva foi inferida utilizando o método Neighbor-Joining (Saitou *et al.,* 1987). É apresentada a árvore óptima com a soma do comprimento dos ramos = 1,03543829. A árvore é desenhada à escala, com comprimentos de ramo na mesma unidade que as distâncias evolutivas utilizadas para inferir a árvore filogenética.

As distâncias evolutivas foram calculadas usando o método de Kimura de 2 parâmetros e estão na unidade do número de substituições de bases por sítio. A taxa de variação entre sítios foi modelada com uma distribuição gama (parâmetro de forma = 1).

Para o alinhamento e comparação das sequências de aminoácidos, inicialmente todas as sequências de referência, bem como os dados das sequências das amostras geradas neste estudo, foram traduzidos para as sequências de aminoácidos correspondentes. Em seguida, procedeu-se à análise do alinhamento múltiplo das sequências utilizando o programa ClustalW. Ao longo do texto, foram utilizados códigos de aminoácidos com uma única letra, de acordo com a nomenclatura IUPAC.

3.2.9. Números de acesso da sequência nucleotídica

Os números de acesso GenBank sequências geradas no presente estudo são GU647157, HM560978, HM569712, HM569713, HM569714, HM569715, HM569716, HM589196, HM589197, HM589198, HM921053, HM921054, HM921055, HM921056, HM921057, HM921058, HM921059, HM921060, HM921061, HM921062, HM921063, HM921064, HM921065, HM921070, HM921071, HM921072, HM921073, HM921074, HM921075 e JN173782.

3.3. Resultados

Neste estudo, foram analisadas trinta amostras diferentes de ADN proviral do VIH-1. Destas, 29 eram do subtipo C e 1 era do subtipo A. Os resultados da subtipagem foram consistentes com os resultados da nossa análise filogenética e com os resultados gerados utilizando a ferramenta REGA HIV-1 Automated Subtyping Tool (Alcantara *et al.*, 2009 e de Oliveira *et al.*, 2005). Foi utilizado um teste "t" através do teste de ramificação interior da filogenia e utilizando o procedimento de bootstrapping para construir a árvore filogenética com base no método de junção de vizinhos. Foram incluídas mil réplicas na análise de boot strapping e a árvore construída foi visualizada utilizando o Tree Explorer no MEGA 5.1. Esta árvore filogenética gerada a partir de todas as 57 amostras (30 "teste" e 27 "referência") é apresentada na Figura 3.1.

O alinhamento múltiplo das sequências de aminoácidos calculadas, obtidas a partir da sequência de nucleótidos correspondentes gerada experimentalmente a partir das amostras de ensaio, bem como das amostras de referência recuperadas, indicou que, no epítopo TW_{10} que abrange a posição de 240 a 249 aminoácidos da poliproteína gag *(ou seja,* a posição 108 a 117 da p24) (Martinez-Picado *et al.,* 2006), a mutação T110N estava presente nas amostras APS023, APS025 e APS029 e a T110S na amostra APS021. Vinte e uma das 30 amostras testadas apresentavam uma mutação de G para A na posição 116 (G116A) da poliproteína gag.. A mutação de fuga T54A foi detectada em APS020 e T107A em APS008 e APS020, respetivamente.

Foi efectuada uma análise semelhante das sequências de aminoácidos da posição 41 a 120 do gene p24 das 30 sequências de ensaio (APS001-APS030), de um subtipo B

(B.FR.HXB2_K03455), bem como de duas sequências de referência do subtipo C [C.BR.BR025_D_(U52953) e C.IN.95IN21068_(AF067155)]. Os resultados indicaram que, na posição de aminoácidos 120, todas as sequências "APS" tinham aminoácidos S, A ou, ocasionalmente, G, exceto duas (APS006_HM569715 e APS026_HM921071) em que o aminoácido era "N", tal como observado nas duas sequências de referência do subtipo C. Do mesmo modo, na posição 41 dos aminoácidos, as sequências de referência do subtipo C apresentavam "T", enquanto todas as sequências "APS" apresentavam "S", como se observa na sequência de referência do subtipo B (figura 3.2, caixa preta, à esquerda), enquanto na posição 86/87 dos aminoácidos se registava uma tendência para incorporar um A/Q ou ambos em várias das sequências "APS" (figura 3.2).

Comparação das nossas 29 sequências do subtipo "APS" do VIH-1 C e de 1 subtipo do VIH-1 A com as sequências de referência de aminoácidos p24 correspondentes de 14 subtipos do VIH-1 C registados noutros países (AF286229_CHINA, AF286226_CHINA, AF286230_CHINA, U52953_Brasil, F286228_Brasil, AY043173_África do Sul, AF443074_Botswana, AF286227_África do Sul, AF286224_Zâmbia, AF286225_Zâmbia, AF443075_Botswana, U46016_Etiópia, AF286234_Tanzânia e AF286235_Tanzânia) com K03455_HXB2 como referência principal indicou que a ocorrência de aminoácidos S, A ou ocasionalmente G na posição 120 da proteína p24 não era única nas nossas amostras de teste. No entanto, na posição 41, verificou-se uma forte conservação do aminoácido S em todas as sequências APS do subtipo C do VIH-1, sem qualquer exceção, incluindo APS030-HM921075, que é o único subtipo A entre as 30 sequências APS incluídas neste estudo. Além disso, na posição de aminoácidos 86/87, o par de aminoácidos "VH" (tal como observado na estirpe de referência principal HXB2) foi conservado em todas as amostras de referência do subtipo C, com exceção de uma (F286228_Brasil) que tinha o aminoácido "Q" na posição 87. Em contraste, várias das amostras APS incluídas no nosso estudo desviaram-se deste padrão de conservação e apresentaram 'A', 'Q' ou ambos na posição 86/87, exceto APS022_HM921063 que apresentou 'I' na posição 86 e APS018_HM921059 que apresentou 'PP' nas posições 86/87 respetivamente (Figura 3.3).

Os dados de alinhamento múltiplo do ClustalW, tal como apresentados na figura 3.3, foram utilizados para construir uma árvore filogenética utilizando o método de junção de vizinhos no programa MEGA versão 5.1. O padrão radial da árvore foi utilizado para análise. Apesar de todas as sequências consideradas para esta análise, exceto APS030-HM921075 e K03455_HXB2, serem do subtipo C, todas as amostras indianas de APS do subtipo C formaram um grupo distinto na "esquerda", exceto APS030-HM921075. Por outro lado, o grupo da "direita" incluía todos os outros subtipos C do VIH-1 não indianos (AF286229_CHINA, AF286230_CHINA, U52953_Brasil, F286228_Brasil, AY043173_África do Sul, AF443074_Botswana, do Sul, AF286224_Zâmbia, AF286225_Zâmbia, AF443075_Botswana, U46016_Etiópia, AF286234_Tanzânia e AF286235_Tanzânia), exceto AF286226_CHINA que se juntou ao grupo APS "esquerda". APS030-HM921075 (o único subtipo indiano do VIH-1 A), apesar da sua ligação ao grupo da "direita", ocupou uma posição distal com a referência K03455_HXB2 e AF286229_CHINA como vizinhos mais próximos (Figura 3.4).

3.4. Discussão

O subtipo de todas as trinta amostras utilizadas neste estudo foi identificado previamente utilizando a ferramenta REGA HIV-1 Automated Subtyping Tool (Alcantara *et al,* 2009 & de Oliveira *et al.*, 2005). Vinte e nove delas eram do subtipo C, enquanto uma pertencia à categoria do subtipo A. Foi efectuada a análise filogenética de todas as 30 amostras de teste (29 do subtipo C e 1 do subtipo A), em que as sequências foram confrontadas com uma série de sequências de subtipos de VIH retiradas do domínio público (subtipos A1, A2, B, C, D, F1, F2, G, H, J, K, N e O, respetivamente). O resultado de ambos os métodos de análise foi consistente no que respeita à subtipificação de todas as 30 amostras de VIH-1 testadas.

Foi analisada uma parte da região N-terminal da proteína gag p24 para recolher informações sobre a variabilidade genética numa das regiões aparentemente mais conservadas deste genoma viral. Este fragmento específico em foco incluía o epítopo TW_{10} do capsídeo p24, responsável pelas respostas dos linfócitos T citotóxicos mediadas por HLA, que desempenham um papel ativo no controlo da infeção pelo VIH. As mutações de escape neste epítopo conduzem a uma resposta imunitária reduzida e a uma rápida progressão para a SIDA. As duas mutações de fuga neste epítopo são T110 e G116. Em 3 das nossas amostras de teste, foi detectada a T110N e, em 1, a T110S. Estas mutações podem levar a uma rápida progressão do doente para a SIDA. A mutação G116A actua como uma mutação de escape nas amostras do subtipo B, enquanto a mesma é uma substituição conservada nas amostras do subtipo C. No nosso estudo, observámos este consenso "A" na posição de aminoácidos 116 da proteína gag p24 em 21 dos 30 indivíduos do nosso estudo. Assim, 8 amostras de teste do subtipo C não eram portadoras da mutação conservada G116A. Outras poucas mutações de escape encontradas em amostras do subtipo C foram também detectadas nas nossas amostras de teste. Trata-se da T54A no APS020 e da T107A no APS008 e APS020, respetivamente. Estas observações indicam amplamente a variância genética significativa apresentada por esta porção específica da região gag p24 do genoma do VIH-1, que a qualifica para um estudo e uma análise específicos.

A construção de árvores filogenéticas, apesar dos recentes avanços no algoritmo de computação que as cria, não gera informação suficiente sobre a localização específica das substituições de aminoácidos num gene. Para colmatar esta lacuna, efectuámos uma análise de alinhamento múltiplo das sequências de aminoácidos da posição 41 a 120 do gene gag p24 das nossas sequências de teste. Isto foi feito em duas fases. Em primeiro lugar, as sequências foram alinhadas com um número limitado de amostras de referência, incluindo um subtipo B padrão e dois subtipos C. Na segunda fase, as amostras de referência foram alargadas para incluir 14 amostras do subtipo C do VIH-1 de diferentes países e 1 subtipo B padrão do VIH-1 como sequência de referência principal. Um dos objectivos da análise da segunda fase era observar o padrão de agrupamento das nossas sequências de teste do VIH-1 quando analisadas juntamente com outras semelhantes de categoria de subtipo idêntica, mas registadas em diferentes partes do mundo. Os resultados obtidos em ambas as análises foram semelhantes.

Verificou-se que os padrões em três posições diferentes de aminoácidos, *nomeadamente* 120, 86/87 e 41, na região do gag p24, são de interesse. Na posição 120, a ocorrência de aminoácidos S, A ou, ocasionalmente, G parece ser um fenómeno uniforme em todas as sequências do subtipo C do VIH-1, independentemente da sua origem geográfica. Na posição 86/87, observámos uma tendência. Aqui, o par de aminoácidos "VH", observado na estirpe de referência principal HXB2 (Figura 3.3), foi incidentalmente conservado em todas as amostras de referência do subtipo C, com exceção de uma amostra registada no Brasil. No entanto, as amostras APS incluídas no nosso estudo desviaram-se desta conservação e apresentaram 'A' ou 'Q' ou ambos na posição 86/87, sendo APS022_HM921063 e APS018_HM921059 as duas excepções com 'I' e um 'PP' nas posições 86 e 86/87 respetivamente (Figura 3.3).

No entanto, o padrão na posição 41 é mais intrigante. Aqui, todas as sequências de referência do subtipo C tinham o aminoácido "T", enquanto todas as sequências "APS" tinham o aminoácido S, tal como observado na sequência principal de referência do subtipo B. Por conseguinte, esta parece ser uma assinatura molecular associada a todas as sequências de teste APS analisadas neste estudo. As substituições na posição 86/87, por outro lado, pareciam ser mais uma tendência, ao contrário da posição 41 do aminoácido, onde a ocorrência do aminoácido S era rígida e uma caraterística que parecia estar associada apenas às sequências indianas "APS" do subtipo C do VIH-1.

Devido à ocorrência de tais assinaturas moleculares na proteína p24 no ADN proviral do VIH-1 indiano "APS" (29 subtipos C e 1 A), quisemos ver o seu padrão global de agrupamento quando agrupadas juntamente com todas as 14 sequências de aminoácidos P24 de referência do subtipo C do VIH-1 utilizadas para análise na figura 3.3. Para o efeito, foram utilizados os alinhamentos múltiplos do clustalW para construir uma árvore filogenética utilizando o método de junção de vizinhos pelo programa MEGA versão 5.1. Foi gerado um padrão radial da árvore para análise.

Apesar de todas as sequências recolhidas para esta análise, exceto APS030-HM921075 e K03455_HXB2, serem do subtipo C, todas as amostras indianas de APS do subtipo C formaram um grupo distinto em à "esquerda", exceto APS-HM921075. Por outro lado, o grupo da "direita" incluía todos os outros subtipos C do VIH-1 não indianos (AF286229_CHINA, AF286230_CHINA, U52953_Brasil, F286228_Brasil, AY043173_África do Sul, AF443074_Botswana, AF286227_África do Sul, AF286224_Zâmbia, AF286225_Zâmbia, AF443075_Botswana, U46016_Etiópia, AF286234_Tanzânia e AF286235_Tanzânia), exceto AF286226_CHINA, que se juntou ao grupo APS "esquerdo". Como era de esperar, o APS-HM921075 (o único subtipo indiano do VIH-1 A), apesar da sua ligação ao grupo da "direita", ocupou uma posição distal com a referência K03455_HXB2 e AF286229_CHINA como seus vizinhos próximos (Figura 3.4). Este facto é compreensível, uma vez que o padrão de sequência genérico do subtipo A de APS-HM921075 impediu a sua fusão com o grupo do subtipo C e obrigou-o a posicionar-se numa posição isolada e distal na árvore.

Parece que, possivelmente, existe uma retenção específica da geografia de aminoácidos específicos de escolha em local(is) preciso(s) dentro do gene p24 do VIH-1 que conferem alguma vantagem ainda por definir ao agente patogénico. O presente estudo indica claramente que as mutações específicas do gene p24 em amostras indianas de subtipos C do VIH-1 seguem um padrão que, apesar da sua aparente aleatoriedade, traduziu proteínas p24 cujas sequências de aminoácidos formaram um conjunto distinto específico da Índia, quando comparado com subtipos C de outras partes do mundo. Uma única estirpe chinesa (AF286226_CHINA) que se junta ao grupo "correto" do subtipo C indiano é intrigante e pode refletir uma tendência para a fusão de genótipos, justificando assim uma investigação mais aprofundada.

Em resumo, a partir deste estudo observou-se que, tal como se concluiu anteriormente, a sequência do gene p24 do VIH-1 pode ser utilizada de forma adequada para a identificação do genótipo, bem como para a construção de uma árvore filogenética informativa. A retenção de alguns aminoácidos específicos em determinados locais do gene p24 nas amostras de ADN proviral do VIH-1 testadas, tal como foi detectado na análise de alinhamento múltiplo, indicou uma possível assinatura molecular geográfica que poderia conferir ao agente patogénico uma vantagem adaptativa para o seu crescimento e sobrevivência.

Tanto quanto sabemos, este é o primeiro estudo recente que indica um padrão de agrupamento distinto dos subtipos C do VIH-1 da Índia, quando comparado com amostras de outros países, com base na sequência de aminoácidos p24. É necessário monitorizar continuamente o aparecimento ou a conservação de variações de sequência nos subtipos endémicos do país e, desde 2005, este é também o primeiro relatório de um estudo de subtipagem e diversidade genética do VIH-1 baseado na sequência N-terminal do p24 numa população selecionada infetada pelo VIH-1 da Índia.

Tabela 3.1: Caraterísticas dos participantes no estudo

ID da amostra	Idade	Género	Fator de risco	Tratamento antirretroviral Historial
APS001	28	Masculino	IDU	Naïve de drogas
APS002	39	Feminino	CSW	Naïve de drogas
APS003	49	Masculino	MSM	Naïve de drogas
APS004	21	Masculino	Transfusão	Naïve de drogas
APS005	51	Masculino	Sexo com a CSW	Naïve de drogas
APS006	24	Feminino	CSW	Naïve de drogas

APS007	27	Feminino	CSW	Naïve de drogas
APS008	35	Masculino	Sexo com a CSW	Naïve de drogas
APS009	45	Masculino	Sexo com a CSW	Naïve de drogas
APS010	54	Masculino	MSM	Naïve de drogas
APS011	19	Masculino	Transfusão	Naïve de drogas
APS012	28	Masculino	MSM	Naïve de drogas
APS013	34	Feminino	CSW	Naïve de drogas
APS014	31	Masculino	MSM	Naïve de drogas
APS015	37	Feminino	CSW	Naïve de drogas
APS016	42	Masculino	Sexo com a CSW	Naïve de drogas
APS017	47	Masculino	Sexo com a CSW	Naïve de drogas
APS018	29	Masculino	IDU	Naïve de drogas
APS019	24	Masculino	IDU	Naïve de drogas
APS020	27	Feminino	CSW	Naïve de drogas
APS021	35	Feminino	CSW	Naïve de drogas
APS022	39	Feminino	CSW	Naïve de drogas
APS023	34	Feminino	Transfusão	Naïve de drogas
APS024	42	Masculino	Sexo com a CSW	Naïve de drogas
APS025	47	Masculino	Transfusão	Naïve de drogas
APS026	38	Feminino	CSW	Naïve de drogas
APS027	27	Feminino	IDU	Naïve de drogas
APS028	23	Feminino	IDU	Naïve de drogas
APS029	46	Masculino	Sexo com a CSW	Naïve de drogas
APS030	32	Feminino	IDU	Naïve de drogas

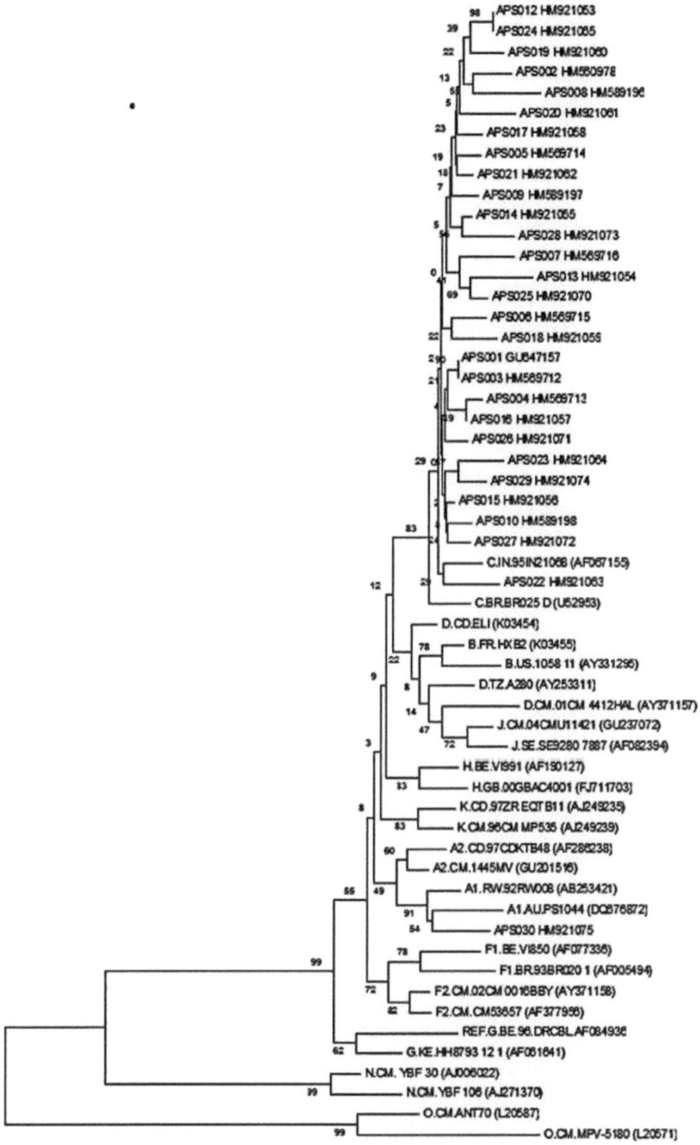

Figura 3.1: Análise filogenética da região terminal N do ADN proviral do VIH-1 da p24 do gene gag de 30 doentes VIH-1 positivos da Índia Ocidental.

A construção da árvore é descrita no texto. Na árvore, os nomes das sequências de teste aparecem em como número de amostra seguido do número de acesso, como por exemplo APS030-HM921075, APS002-HM560978. Todas as sequências de referência utilizadas para construir a árvore foram obtidas da base de dados de sequências de VIH do Los Alamos National Laboratory (http://www.hiv.lanl.gov/content/index). As identificações das sequências de referência apresentadas na árvore são apresentadas na seguinte sequência: subtipo, país de origem, número da amostra e número de acesso entre parêntesis. Exemplo: A1.AU.PS1044 (DQ676872): Subtipos A1, sequência de referência da Austrália, número de amostra PS1044 e número de acesso DQ676872. As sequências de referência dos subtipos N e O foram utilizadas como grupos externos durante a construção da árvore. As amostras de teste incluídas neste estudo foram designadas como APS. As amostras de referência dos diferentes subtipos utilizados foram as seguintes: subtipo A1: PS1044, 92RW008; subtipo A2: 97CDKTB48, 1445MV; subtipo B: HXB2, 1058_11; subtipo C: BR025_D, 95IN21068; subtipo D: 01CM_4412HAL, TZ.A280; subtipo F1: VI850, 93BR020_1; subtipo F2: 02CM_0016BBY, CM53657; subtipo G: DRCBL, HH8793_12_1; subtipo H: 00GBAC4001, VI991; subtipo J: 04CMU11421, SE9280_7887; subtipo K: 97ZR_EQTB11, 96CM_MP535; subtipo N: YBF_30, YBF_106; subtipo O: ANT70, MPV-5180.

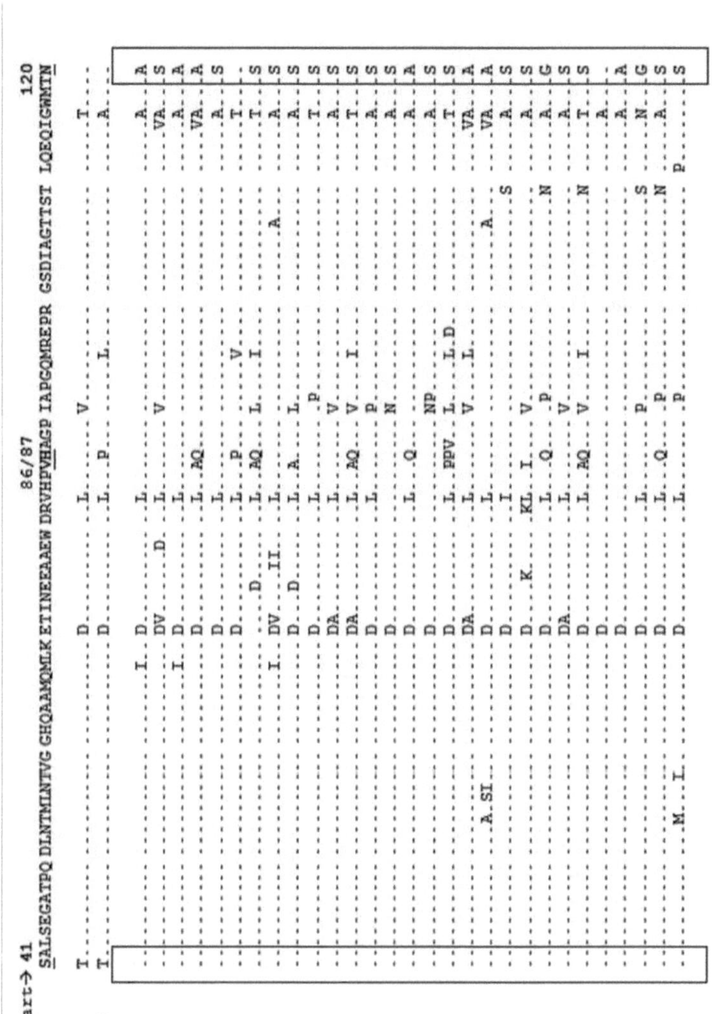

Figura 3.2: Alinhamentos múltiplos de sequências de aminoácidos da posição 41 a 120 do gene p24 dos subtipos de VIH-1 C utilizados neste estudo.

A sequência codificada B.FR.HXB2_(K03455) (subtipo B) foi adoptada como sequência de referência. As sequências C.BR.BR025_D_(U52953) e C.IN.95IN21068_(AF067155) são as duas sequências de referência do subtipo C do Brasil e da Índia, respetivamente, e todas as outras com iniciais "APS" são sequências de teste do subtipo C analisadas neste estudo. O aminoácido na posição 120 de todas as sequências "APS" mostradas numa caixa preta (à direita) tem aminoácidos S, A ou, ocasionalmente, G, exceto em duas sequências, a saber, APS006_HM569715 e APS026_HM921071, em que o aminoácido era "N", como se vê nas duas sequências de referência do subtipo C. Do mesmo modo, na posição 41 do aminoácido, as sequências de referência do subtipo C têm "T", ao passo que todas as sequências "APS" têm "S", como se vê na sequência de referência do subtipo B (caixa preta, à esquerda), enquanto na posição 86/87 do aminoácido há uma tendência para incorporar um A/Q nas sequências "APS". Os aminoácidos que correspondem aos números indicados na figura estão sublinhados na sequência de referência do subtipo B (C.BR.BR025_D_(U52953)

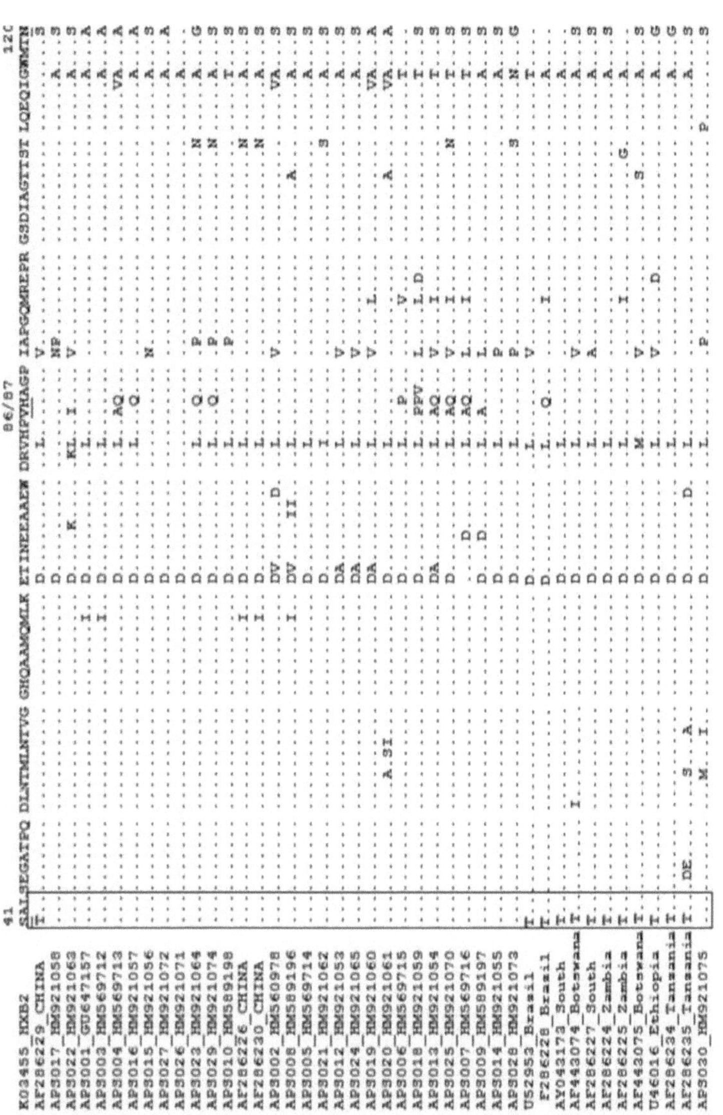

Figura 3.3: Alinhamentos múltiplos de sequências de aminoácidos da posição 41 a 120 do gene p24 dos subtipos de VIH C utilizados neste estudo, bem como de outros países.

A sequência codificada HXB2 (K03455) (subtipo B) foi tomada como sequência de referência. As sequências AF286229_CHINA, AF286226_CHINA, AF286230_CHINA, U52953_Brasil, F286228_Brasil, AY043173_África do Sul, AF443074_Botswana, AF286227_África do Sul, AF286224_Zâmbia, AF443075_Botswana, U46016_Etiópia e AF286234_Tanzânia foram utilizadas como sequências de referência do subtipo C não indianas. Na posição 41, existe conservação do aminoácido S em todas as amostras do subtipo C do VIH - APS (caixa preta). Na posição 86/87 dos aminoácidos, o par de aminoácidos "VH" (na sequência de referência HXB2) é conservado em todas as amostras de referência do subtipo C, com exceção de uma (F286228_Brasil) que tinha o aminoácido "Q" na posição 87. Várias das amostras APS desviam-se desta conservação e apresentam "A" ou "Q" ou ambos na posição 86/87, exceto APS022_HM921063 que apresenta "I" na posição 86 e APS018_HM921059 com "PP" nas posições 86/87.

Figura 3.4: Estudo filogenético das sequências do gene p24 de 30 amostras seropositivas para o VIH-1 da Índia (29 do subtipo C e 1 do subtipo A) com 12 e 1 outras amostras C e B de diferentes países, respetivamente.

Para as amostras indianas, o nome é indicado por "APS" seguido de um número de acesso ao banco de genes de três dígitos. Para as amostras de outros países, o número de acesso ao Genebank é indicado seguido do nome do país. "South" refere-se à África do Sul. As diferentes amostras utilizadas no estudo são as seguintes APS 001-030 com os números de acesso ao Genebank GU647157, HM560978, HM569712, HM569713, HM569714, HM569715, HM569716, HM589196, HM589197, HM589198, HM921053, HM921054, HM921055, HM921056, HM921057, HM921058, HM921059, HM921060, HM921061, HM921062, HM921063, HM921064, HM921065, HM921070, HM921071, HM921072, HM921073, HM921074, HM921075, JN173782, respetivamente; Amostras do subtipo C não indianas: AF286229_CHINA, AF286226_CHINA,AF286230_CHINA, U52953_Brasil, F286228_Brasil, AY043173_África do Sul, AF443074_Botswana, AF286227_África do Sul, AF286224_Zâmbia, AF443075_Botswana, U46016_Etiópia e AF286234_Tanzânia); Subtipo B não indiano: K03455_HXB2.

Capítulo 4

Um ensaio robusto de deteção da carga viral do VIH-1 optimizado para estirpes específicas do subtipo C indiano e para um contexto de limitação de recursos

4.1. Introdução

Atualmente, a estimativa da concentração plasmática de ARN do VIH-1 é o padrão de tratamento na monitorização da progressão do VIH/SIDA e acredita-se que tenha um valor prognóstico clinicamente útil (UNAIDS, 2012 & Gazzard, 2005). Três ensaios comerciais diferentes [NucliSens HIV-1 QT RNA Assay (bioMerieux, França), Quantiplex HIV-1 RNA 3.0 Assay (Bayer Diagnostics Division, EUA) e COBAS TaqMan HIV-1 48 test (Roche Molecular Systems, EUA)] dominam atualmente o mercado dos testes de carga viral do VIH-1, mas são proibitivamente caros (Holguin *et al.*, 2008).

A tecnologia de PCR em tempo real é atualmente considerada a norma de ouro para a deteção da carga viral do VIH-1 devido à sua elevada especificidade, sensibilidade e ampla gama linear de deteção (Knudtson *et al.*, 2007). A química TaqMan é um método amplamente popular e aceite, mas, para desenvolver esta plataforma de PCR em tempo real para a quantificação do ARN viral do VIH-1, são necessárias três regiões conservadas no genoma viral, todas muito próximas, o que é frequentemente difícil devido à estrutura genómica heterogénea do VIH-1. O problema do desempenho sub-ótimo do ensaio comercial baseado na química TaqMan verifica-se sobretudo em países onde o subtipo não B do VIH-1 é predominante, uma vez que estes ensaios são amplamente validados nos EUA e na Europa, onde o subtipo B do VIH-1 predomina (Holguin *et al.*, 2008 & Brumme *et al.*, 2012). Para além da química TaqMan, a PCR em tempo real baseada na química SYBR Green é também amplamente utilizada para ensaios de quantificação do ARN viral do VIH-1.

Neste estudo, apresentamos um ensaio de RT-PCR em tempo real especificamente optimizado para o subtipo C do VIH-1 que utiliza a química SYBR Green para a deteção quantitativa do ARN viral do VIH-1 no plasma humano. O ensaio foi concebido para visar uma região conservada no interior do gene gag do genoma viral e é menos dispendioso do que os ensaios que utilizam sondas TaqMan com marcação dupla. O protocolo deu resultados consistentes numa vasta gama de amostras clínicas.

4.2. Materiais e métodos

4.2.1. Recolha e tratamento de amostras clínicas

O painel de referência era constituído por amostras de sangue colhidas de 25 indivíduos seropositivos para o VIH-1 (sem drogas) e seronegativos (sem factores de risco relacionados com a SIDA) da Índia, em tubos de K_2-EDTA (Becton Dickinson, San Diego, Califórnia, EUA). O painel do estudo clínico incluiu amostras de sangue recolhidas de 100 indivíduos seropositivos para o VIH-1 na Índia. Todas as amostras foram colhidas após obtenção do consentimento escrito dos dadores.

O programa de estudo foi devidamente aprovado por um comité de biossegurança e bioética (número de aprovação SNGL/2012/GY06) que supervisiona os aspectos éticos de tais programas de investigação na organização.

O plasma foi separado das amostras de sangue no prazo de 4 horas após a colheita e armazenado num congelador a -20°C. Os pormenores sobre os participantes no estudo estão descritos no Quadro 4.1 (painel de estudo de referência) e no Quadro 4.2 (painel de estudo clínico), respetivamente.

4.2.1.1. Separação de plasma

Todas as amostras clínicas foram processadas numa instalação de Nível de Biossegurança 2 (BSL2). Colocar os tubos de férias num instrumento de centrifugação e centrifugar durante 15 minutos a 2000X g à temperatura ambiente. No final da centrifugação, retirar cuidadosamente os tubos de veraneio e colocá-los dentro de uma cabina de segurança biológica. Utilizando uma pipeta de transferência estéril, recolher 1 ml de plasma de cada tubo e transferi-lo para frascos criogénicos de 1,5 ml com tampa de rosca e guardá-los num congelador a -20°C até serem utilizados.

O estado da infeção pelo VIH-1 foi confirmado por (a) ensaio rápido Tridot (J. Mitra & Co. Ltd., Nova Deli, Índia) (b) ensaios múltiplos de imunoabsorção enzimática (Biochem Immunosystems, Montreal, Canadá) e (c) análise de western blots (LAV Blot HIV-1, BioRad, França).

4.2.2. Extração de ARN de amostras de plasma

O ARN do VIH-1 foi extraído de amostras de plasma armazenadas utilizando um mini-kit QIAamp Viral RNA, de acordo com as instruções do fabricante (Qiagen, Alemanha).

4.2.2.1. Procedimento

> As amostras de plasma foram retiradas do congelador a -20°C e equilibradas à temperatura ambiente.

> Foi recolhido um volume de 5,6 µl de ARN transportador num tubo de microcentrifugação de 1,5 ml.

> Quinhentos e sessenta µl de tampão de lise AVL (fornecido no kit) foram adicionados ao tubo de microcentrifugação.

> Em seguida, foram adicionados 140 µl de amostras de plasma ao tubo de microcentrifugação que continha o tampão de lise e o ARN transportador e misturados corretamente por agitação em vórtice durante 15 segundos.

> Em seguida, foi incubado à temperatura ambiente (15-25°C) durante 10 minutos para lisar completamente as partículas virais.

> O tubo foi centrifugado por breves instantes para remover as gotas do interior da tampa.

> Em seguida, foram adicionados 560 µl de etanol absoluto ao tubo e misturados corretamente por agitação em vórtice durante 15 segundos.

> Novamente o tubo foi centrifugado por breves instantes para remover as gotas do interior da tampa.

> Seiscentos e trinta µl desta solução resultante foram adicionados a uma mini coluna de centrifugação sem molhar o aro e centrifugados a 8000 rpm durante 1 minuto.

> O tubo de recolha que contém o fluxo foi rejeitado e substituído por um novo. .

> A solução restante foi adicionada à mini-coluna sem molhar o bordo e centrifugada a 8000 rpm durante 1 minuto.

> O tubo de recolha com o fluxo foi novamente descartado e substituído por um novo.

> Foram adicionados 500 µl de tampão de lavagem AW1 à coluna de centrifugação e centrifugou-se o tubo a 8000 rpm durante 1 minuto.

> Deitar fora o tubo de recolha com o fluxo e colocar a coluna de centrifugação num novo tubo de recolha.

> Foram adicionados 500 pl de tampão de lavagem AW2 à coluna de centrifugação e centrifugados a 14000 rpm durante 3 minutos.

> O tubo de recolha com o fluxo foi novamente rejeitado, a coluna de centrifugação foi colocada num novo tubo de recolha e centrifugada a 14000 rpm durante 1 minuto para remover completamente os vestígios do tampão de lavagem AW2.

> O tubo de recolha com o fluxo foi eliminado e a coluna de centrifugação colocada num novo tubo de centrifugação de 1,5 ml sem *RNase*.

> Foram adicionados 60 µl de tampão AVB à coluna de centrifugação e incubou-se à temperatura ambiente durante 1 minuto.

> A coluna de centrifugação foi então centrifugada a 8000 rpm durante 1 minuto e rejeitada,

enquanto o tubo de centrifugação de 1,5 ml isento de *RNase* com ARN viral foi armazenado a -20°C até nova utilização.

4.2.3. Deteção da carga viral do VIH-1 utilizando o kit artus HIV-1 RG RT-PCR (Qiagen, Alemanha)

A carga viral de todas as amostras do painel de referência e do painel do estudo clínico foi determinada utilizando o kit *artus* HIV-1 RG RT-PCR (Qiagen, Alemanha) e os valores foram utilizados como concentração viral de referência para análise e comparação neste estudo.

4.2.3.1. Procedimento

Para cada lote de reacções, todas as amostras foram testadas em triplicado. Todos os padrões fornecidos no kit foram executados para determinar a concentração viral e os controlos dos reagentes também foram incluídos para verificar qualquer possível contaminação da PCR. A reação de PCR foi preparada conforme descrito abaixo:

> Em cada tubo de PCR foram adicionados 12 µl e 18,0 µl de HI Virus-1 RG Master A e HI Virus-1 RG Master B, respetivamente.

> Em seguida, foram adicionados 2,0 µl de HI Virus-1 RG IC no mesmo tubo.

> Depois disso, foram adicionados 20 µl de amostra de ARN ou padrão fornecidos no kit nos tubos de PCR e 20 µl de água sem *RNase* no tubo de mistura principal de PCR de controlo de reagentes.

> Em seguida, todos os tubos foram devidamente fechados, todas as soluções foram misturadas com uma pancada e centrifugadas por breves instantes para levar todo o conteúdo para o fundo do tubo.

A condição de ciclo térmico para a reação foi a seguinte:

Passos	Temperatura	Tempo	Ciclos
Manter	50°C	30 min	1
Manter	95°C	15 min	1
Desnaturação	95°C	30 segundos	50
*Recozimento e recolha de dados	50°C	60 seg	
Alongamento	72°C	30 segundos	

*O canal de fluorescência FAM foi selecionado para a deteção do sinal dos amplicões de PCR específicos do VIH-1 e o canal de fluorescência ROX foi selecionado para a deteção do sinal dos amplicões de PCR específicos do controlo de inibição.

Após a programação do instrumento, todos os tubos PCR foram colocados no seu interior e a execução foi iniciada de acordo com o parâmetro de termociclagem descrito.

No final da reação, procedeu-se à análise dos dados brutos de fluorescência e foram atribuídos números de cópias virais adequados a cada amostra.

O resultado da reação foi interpretado de acordo com a Tabela 4.3.

4.2.4. Desenho de primers de oligonucleótidos

A fim de evitar a incompatibilidade dos primers, foi escolhida a região mais conservada do gene gag do VIH-1 para a conceção dos primers de oligonucleótidos. Esta região foi identificada através da análise de várias sequências completas de nucleótidos do gene gag do VIH-1 enviadas da Índia e obtidas da base de dados do banco de genes do NCBI [www.ncbi.nlm.nih.gov/genbank] (Benson *et al.*, 2013). As sequências foram alinhadas com a ajuda do programa de alinhamento de sequências múltiplas ClustalW v.2 (Larkin *et al.*, 2007) e as regiões conservadas identificadas foram utilizadas para conceber manualmente primers de PCR. Foram concebidos cinco conjuntos diferentes de iniciadores para a frente e para trás, a sua cinética de reação, bem como a auto-complementaridade, foram verificadas utilizando o programa Primer Express 3.0 (Life Technologies, EUA) e avaliadas experimentalmente quanto à sua eficiência na amplificação do ADN alvo, com base no qual foi selecionado o par de oligonucleótidos mais adequado para a determinação da concentração viral do VIH-1.

4.2.5. Construção de padrões de referência

Para a construção de padrões de referência, o fragmento de PCR do gene gag do HIV-1 gerado com os iniciadores de PCR recentemente concebidos foi clonado no vetor pCR4-TOPO (Life Technologies. EUA) de acordo com as instruções do fabricante. O mapa do vetor pCR4-TOPO foi descrito na figura 4.1.

4.2.6. Construção do vetor recombinante

4.2.6.1. Ligações do fragmento PCR no vetor pCR4-TOPO

Trinta ng de amplicon de PCR foram misturados com 1 µl (10 ng/µl) de ADN plasmídico linearizado e 1 µl de solução salina fornecida no kit. O volume total da reação foi ajustado para 6 µl com a adição de água sem nuclease. A solução foi misturada batendo suavemente e incubada à temperatura ambiente durante quinze minutos. Este produto foi então utilizado para transformação em células competentes de *E. Coli* DH5a.

4.2.6.2. Preparação de células competentes

> Uma única colónia de *E. Coli* JM109 (Merck; Índia) foi inoculada em 5 ml de meio LB (Hi Media; Índia) e incubada numa incubadora com agitação a 37°C durante 16 horas.

> Um volume de 0,5 ml da cultura de sementes foi transferido para 50 ml de meio LB e incubado numa incubadora com agitação a 37°C durante 2-4 horas ou até as células estarem na fase exponencial do seu crescimento (O.D 0,4- 0,6 a 600 nm).

> Vinte e cinco ml do meio de cultura foram transferidos para dois tubos de polipropileno previamente arrefecidos e centrifugados a 5000 rpm durante 10 minutos a 4°C.

> O sobrenadante foi descartado e foram adicionados 10 ml de cloreto de cálcio gelado a cada tubo.

> O pellet de células foi suavemente ressuspenso e novamente centrifugado a 5000 rpm durante 10 minutos a 4°C.

> O sobrenadante foi eliminado e os pellets de células foram ressuspendidos em 2 ml de solução de cloreto de cálcio gelada.

> As células suspensas em cloreto de cálcio foram incubadas em gelo durante 30 minutos e depois utilizadas para transformação.

4.2.6.3. Transformação

> Dois pl da mistura de clonagem TOPO foram misturados com 200 µl de células competentes num tubo de centrifugação de 1,5 ml e a mistura foi incubada em gelo durante 30 minutos.

> O tubo foi transferido para um banho de água a 42°C e incubado durante 30 segundos.

> Após a incubação, o tubo foi colocado numa caixa de gelo para arrefecimento rápido.

> Em seguida, 800 µl de meio LB foram adicionados ao tubo e incubados durante 1 hora a 37°C num agitador orbital.

> Após a incubação, 100 µl de células foram espalhados numa placa de ágar LB alterada com 50 µg/ml de ampicilina.

> Em seguida, a placa foi incubada a 37°C durante 12-16 horas.

> No dia seguinte, foi preparada uma placa de réplica utilizando as colónias isoladas resgatadas na placa principal de transformação.

4.2.6.4. Rastreio de clones recombinantes positivos

Os clones recombinantes positivos com a inserção do amplicon PCR desejado foram analisados utilizando a técnica de PCR de colónia.

A mistura principal de PCR foi preparada da seguinte forma: Para cada colónia isolada, foi utilizada uma mistura de PCR de 25 pl, composta por 12,5 pl de 2X PCR master Mix v.2.0 (TaKaRa-bio, CA, EUA) e 1 µl (10 picoMoles) de cada um dos primers forward e reverse. Após a adição da solução de células liotizadas, o volume restante foi completado até 25 µl utilizando água sem *RNase*. Aqui utilizámos o mesmo conjunto de primers para a PCR de colónias, que foram previamente utilizados para gerar o amplicon de PCR gerado para a clonagem.

Foram colhidas colónias individuais com um palito esterilizado da placa de réplica, ressuspensas em 50 µl de água esterilizada num tubo de PCR de 200 µl, incubadas a 99^{0}C durante 5 minutos e centrifugadas brevemente a 10.000 rpm. O sobrenadante resultante (5 µl) foi utilizado como modelo de ADN para a PCR de colónias.

A termociclagem foi efectuada utilizando o termociclador Veriti (Life Technologies; EUA) da seguinte forma:

Passos	**Temperatura**	**Tempo**	**Ciclos**
Manter 1 (para lisar as células e inativar as nucleases)	95°C	10 min	1
Desnaturação	95°C	30 segundos	
Recozimento	55°C	30 segundos	30
Alongamento	72°C	30 segundos	

No final da PCR, 5 µl da mistura de reação foram misturados com 1 µl de corante de carga em gel 6X e corridos num gel de agarose a 2% corado com corante de brometo de etídio (50 µg/ml). Foi também utilizado um padrão de tamanho de ADN de 100 pb (Thermo Scientific; EUA) juntamente com as amostras e visualizado num iluminador UV Trans. A imagem do gel foi documentada utilizando o sistema de documentação de gel Biorad (Bio Rad, EUA).

As linhas do gel em que foi detectado o produto de amplificação da PCR com um tamanho de fragmento semelhante ao tamanho do fragmento do produto de amplificação da PCR original foram identificadas como clones recombinantes positivos.

Em seguida, as colónias individuais correspondentes, contra as quais foram confirmados clones recombinantes positivos, foram marcadas na placa principal. Estas colónias foram utilizadas para a purificação do plasmídeo recombinante puro.

O plasmídeo recombinante foi purificado e a identidade da inserção clonada foi reconfirmada por sequenciação de ADN de cadeia dupla utilizando o BigDye Terminator v3.1 Cycle Sequencing Kit e o ABI PRISM® 3500 Dx Genetic Analyzer (Applied Biosystems, EUA).

4.2.6.5. Purificação do plasmídeo recombinante puro

4.2.6.5.1. Reagentes

Solução I:	Glicose:	50 mM
	Tris-HCL (pH 8,0):	25 mM
	EDTA:	10 mM
Solução II (para 1 ml) preparada de fresco antes da utilização:	10% SDS	100 µl
	NaOH 5N	40 µl
	Água duplamente destilada	860 µl

Solução III (para 100 ml):	Acetato de potássio 5M (pH 4,8)	60,0 ml
	Ácido acético glacial	11,5 ml
	Água duplamente destilada	28,5 ml

4.2.6.5.2. Procedimento

> Uma única colónia de *E. coli* contendo um clone recombinante foi inoculada em 5 ml de meio LB contendo 50 µg/ml de ampicilina e incubada numa incubadora com agitação a 37 °C durante 12-16 horas.

> No dia seguinte, 2 ml da cultura foram transferidos para um tubo de centrifugação de 2 ml e centrifugados a 4000 rpm durante 10 minutos. O sobrenadante foi eliminado e foram adicionados mais 2 ml de cultura ao tubo. O tubo foi novamente centrifugado a 4000 rpm durante 10 minutos.

> O sobrenadante foi descartado e 100 µl de solução I foram adicionados ao tubo e o pellet de células foi ressuspendido na solução, seguido de incubação num balde de gelo durante 5 minutos.

> Em seguida, foram adicionados 200 µl de solução II ao tubo, misturados por inversão suave e incubados num balde de gelo durante 5 minutos.

> Em seguida, foram adicionados 150 µl de solução III, misturados por inversão suave e o tubo incubado num balde de gelo durante 5 minutos.

> Em seguida, o tubo foi centrifugado a 10000 rpm durante 10 minutos.

> O sobrenadante foi recolhido num novo tubo de centrifugação de 2 ml e foram adicionados 2,5 volumes de isopropanol para precipitar o ADN do plasmídeo.

> A solução foi misturada por inversão suave e centrifugada a 12000 rpm durante 10 minutos.

> O sobrenadante foi eliminado e adicionou-se etanol a 70% frio ao tubo.

> O ADN plasmídico foi ressuspenso em etanol a 70% e novamente centrifugado a 12000 rpm durante 10 minutos.

> O sobrenadante foi eliminado e o sedimento foi seco ao ar, mantendo o tubo aberto à temperatura ambiente durante 1 hora.

> Em seguida, o sedimento foi finalmente ressuspenso em 50 µl de água sem nuclease e armazenado a 4°C até ser utilizado.

O procedimento experimental pormenorizado da sequenciação do ADN é descrito na secção 3.2.6.

Para gerar um padrão de quantização, o plasmídeo recombinante foi diluído em série e calibrado em relação aos padrões de referência do kit *artus* HIV-1 RG RT-PCR aprovado pela FDA dos EUA (Qiagen, Alemanha). Foi preparada uma série de sete diluições do padrão de referência com os seguintes números de cópias 10^1, 10^2, 10^3, 10^4, 10^5, 10^6 e 10^7 cópias/ml de ARN viral do VIH-

1.

4.2.7. Transcrição reversa - PCR em tempo real

A amplificação por RT-PCR quantitativa em tempo real baseada em SYBR Green I foi efectuada utilizando um sistema StepOne Plus Real Time PCR (Applied Biosystems, EUA). Cinquenta µl de uma mistura de reação composta por 25 µl de 2X QuantiFast SYBR Green RT-PCR master mix (Qiagen, Alemanha) que continha HotStarTaq DNA Polymerase, 0,5 µl 100X QuantiFast RT Mix, 20 µl de ARN e cada um dos primers (forward e reverse) a uma concentração final de 5 pmoles por reação.

A sequência de nucleótidos dos iniciadores utilizados no presente estudo é a seguinte 5'- ACATCAAGCAGCCATGCAAAT - 3' (forward) e 5'- TACTAGTAGTTCCTGCTATGTC - 3' (reverse). O corante ROX foi utilizado como referência passiva para normalizar os sinais fluorescentes. O perfil de termociclagem consistiu em 30 minutos de transcrição reversa a 45°C, 5 minutos de aquecimento a 95°C para ativar a HotStart *Taq* DNA Polymerase, seguidos de 45 ciclos de amplificação por PCR, cada um dos quais compreendendo 95°C durante 15 segundos, 55°C durante 15 segundos e 72°C durante 30 segundos. A recolha de dados foi efectuada a 72°C de cada ciclo. Após a amplificação, foi efectuada uma análise da curva de fusão (curva de dissociação) para verificar a autenticidade dos produtos amplificados através da verificação das suas temperaturas de fusão específicas (Tm). Em cada lote, todos os padrões de referência, bem como as amostras, foram testados em triplicado e foram incluídos controlos negativos e reagentes adequados para excluir a possibilidade de contaminação cruzada durante a preparação das reacções.

4.2.8. Validação intra e inter-ensaio

Para a validação intra-ensaio e inter-ensaio, foram testadas 25 amostras seropositivas para o VIH-1, 10 vezes cada, em lotes diferentes, independentemente e em triplicado, incluindo os padrões de referência e os controlos , tendo sido calculado o respetivo coeficiente de variação percentual.

4.2.9. Sensibilidade e especificidade

Para determinar o limite de deteção do ensaio, foram testadas 10, 30, 50, 100 e 500 cópias/ml de padrões diluídos em série, em triplicado, em 20 experiências independentes. Para medir a especificidade do ensaio, todas as amostras seronegativas para o VIH-1 conhecidas (quadro 4.1) foram submetidas à amplificação por PCR em tempo real, seguida da comparação dos dados da temperatura de fusão com amostras positivas conhecidas, bem como com amostras de controlo sem modelo (NTC).

4.2.10. Comparação da sensibilidade de deteção com dois ensaios comerciais de deteção do número de cópias do VIH-1

Um painel de 90 amostras de plasma que faziam parte do painel do estudo e com um número de cópias virais do VIH-1 entre 5 000 e 25 000 cópias de ARN do VIH-1/mL, estimado com o kit *artus* HIV-1 RG RT-PCR (Qiagen, Alemanha) e confirmado como subtipo C pelo método descrito por Siddappa *etal.* (Siddappa *etal.* 2004) foram simultaneamente submetidos a deteção quantitativa do ARN do VIH-1 utilizando (a) HIV RNA Real-TM Quant (Sacace Biotechnologies S.r.l, Itália) (b) HIV-1 Real Time RT PCR kit (Life River, Shanghai ZJ Biotech, China) e (c) método de ensaio desenvolvido neste estudo. Todas as reacções de RT-PCR foram efectuadas em duplicado em dois termocicladores separados de marca idêntica [StepOne Plus Real Time PCR System (Applied Biosystems, EUA)], a fim de minimizar a influência de erros experimentais.

4.2.11. Efeito do tempo e da temperatura de armazenamento na estabilidade das amostras de plasma

Foram colhidas amostras de plasma de 10 doentes com carga viral conhecida e foram feitas duas alíquotas de cada uma delas. Um conjunto de plasma foi armazenado a -20°C e o outro a 25°C. O ARN foi extraído de ambos os conjuntos de amostras ao sétimo dia e a sua carga viral foi estimada em triplicado, utilizando o método descrito neste estudo.

4.2.12. Análise estatística

A linearidade do ensaio foi determinada pelo método de regressão linear utilizando o programa MedCalc v.12.7.2 (Acacialaan 22, B-8400 Ostend, Bélgica). A sensibilidade do ensaio foi expressa como a percentagem de amostras que obtiveram resultados positivos utilizando o protocolo descrito neste estudo, dividida pelo número total de amostras que obtiveram resultados positivos utilizando um ensaio comercial aprovado pela FDA dos EUA. A especificidade do ensaio foi calculada como o número de amostras negativas obtidas com o presente estudo dividido pelo número total de amostras negativas conhecidas obtidas de dadores saudáveis e foi expressa em percentagem. O desempenho do ensaio foi medido através de uma análise comparativa com o kit *artus* HIV-1 RG RT-PCR (Qiagen, Alemanha) e aplicando a fórmula do coeficiente de correlação de Spearman (http://www.wessa.net/rankcorr.wasp). O efeito da temperatura ambiente na estabilidade do ARN do VIH-1 foi analisado utilizando o teste de Wilcoxon (Frank, 1945) e o gráfico de caixa e bigodes foi criado utilizando o programa BioStat (AnalystSoft Inc, EUA).

4.3. Resultados

4.3.1. Gama linear, limite de deteção e precisão inter-ensaio

A linearidade do ensaio foi determinada utilizando padrões de referência construídos especificamente para este ensaio, utilizando um plasmídeo recombinante que contém o fragmento amplificado do gene gag como inserção. A regressão linear das concentrações observadas e de referência produziu um coeficiente de correlação de 0,998 ($p < 0,001$). Foi gerada uma curva padrão traçando os ciclos limiares dos padrões de referência em função das suas concentrações logarítmicas (Figura 4.2). A curva de dissociação de todos os padrões de referência revelou uma temperatura de fusão de 85,5 ° C (Figura 4.3).

Para calcular o limite de deteção, foram analisadas amostras com carga viral conhecida na gama de 10 a 500 cópias/ml de ARN do VIH-1. Os resultados mostraram uma amplificação detetável em 5 (25%) das réplicas para o padrão com 10 cópias/ml de ARN do VIH-1, em 10 (50%) das réplicas para as amostras com 30 cópias/ml de ARN do VIH-1 e em 20 (100%) com 50, 100 e 500 cópias/ml de ARN do VIH-1, respetivamente. Os dados são representados sob a forma de um diagrama de barras em que as concentrações logarítmicas são comparadas com os ciclos limiares correspondentes (Figura 4.4). A partir desta análise, o limite inferior do ensaio foi fixado em 50 cópias/ml de ARN do VIH-1.

Para avaliar a precisão inter-ensaio do protocolo de ensaio, o painel de referência, constituído por 25 amostras com carga viral conhecida do VIH-1, foi testado em triplicado através de 10 experiências independentes. A análise estatística dos dados relativos ao desvio-padrão (DP) e ao coeficiente de variação é apresentada no quadro 4.4. Verificou-se que o coeficiente de variação aumentava à medida que a carga viral de referência se aproximava do limite de deteção do ensaio.

4.3.2. Sensibilidade e especificidade do ensaio RT PCR interno do VIH-I

A sensibilidade clínica do ensaio foi determinada utilizando amostras do painel de referência. Todas as 25 amostras foram consideradas positivas utilizando o ensaio SYBR Green RT PCR interno, indicando uma sensibilidade de 100%. A especificidade do ensaio também foi considerada como sendo de 100%, uma vez que nenhuma das amostras apresentou qualquer amplificação detetável a partir do nosso painel de referência de amostras negativas para o VIH-1 (Figura 4.5). Este facto foi ainda confirmado pela análise do perfil da temperatura de fusão dos amplicões utilizando a análise da curva de dissociação. Não foram detectados sinais fluorescentes significativos de qualquer amplificação não específica, incluindo dímeros de primers.

4.3.3. Comparação das medições da carga viral utilizando o kit de RT-PCR artus HIV-1 RG, aprovado pela FDA dos EUA, e o kit de RT-PCR artus HIV-1 RG

As cargas virais de 100 amostras seropositivas para o VIH-1 foram determinadas com o kit *artus* HIV-1 RG RT-PCR (Qiagen, Alemanha), aprovado pela FDA e disponível no mercado, e com o ensaio SYBR Green RT PCR descrito no presente estudo. A concentração logarítmica de cópias/ml de ARN do VIH-1 das amostras foi comparada através da representação gráfica dos resultados obtidos utilizando o protocolo do presente estudo com os resultados obtidos utilizando o kit *artus* HIV-1 RG RT-PCR (Figura 4.6). O coeficiente de spearman do ensaio in house com o do kit *artus* HIV-1 RG RT-PCR foi de 0,997.

4.3.4. Comparação da sensibilidade com dois ensaios comerciais de deteção do ARN do VIH-1

O limite de deteção do kit HIV RNA Real-Quant (Sacace Biotechnologies S.r.l, Itália) e do kit HIV-1 Real Time RT PCR (Life River, Shanghai ZJ Biotech, China) é de 500 e 1 000 cópias/ml de ARN do VIH-1, respetivamente. Das 90 amostras cuja carga viral variou entre 5 000 - 25 cópias/ml de ARN do VIH-1, conforme determinado pelo kit *artus* HIV-1 RG RT-PCR (Qiagen, Alemanha), 12 (13,33%) e 9 (10,0%) amostras não apresentaram qualquer amplificação detetável quando testadas com o HIV RNA Real-TM Quant (Sacace Biotechnologies S.r.l, Itália) e o kit HIV-1 Real Time RT PCR (Life River, Shanghai ZJ Biotech, China), respetivamente. Enquanto 7 (7,77%) e 4 (4,44%) amostras apresentaram uma subestimação da carga viral num valor superior a 0,5 log quando comparadas com os resultados do painel de referência. Todas as amostras acima mencionadas apresentaram resultados comparáveis quando testadas utilizando o protocolo descrito neste estudo, como se pode ver no quadro 4 .4.

4.3.5. Efeito da temperatura ambiente na estabilidade do ARN do VIH-1

O efeito do armazenamento do plasma à temperatura ambiente foi estudado através da análise de 10 amostras de plasma, cada uma armazenada (1) num congelador a -20°C e (2) à temperatura ambiente (25°C) durante 7 dias. Estas amostras foram submetidas a testes de carga viral e cada reação foi realizada em triplicado. Os resultados indicam um valor w de 11,5, uma diferença média de 1,01, uma soma de classificações positivas igual a 43,5 e uma soma de classificações negativas igual a 11,5, respetivamente. Como o valor crítico de w para $n = 10$ ($p < 0,05$) foi 8, o resultado não foi significativo, o que significa que não houve diferença significativa na carga viral detectada em ambos os grupos (teste de Wilcoxon, $p = 0,105$) (Figura 4.7). O gráfico de caixa e bigode na Figura 4.7 mostra diferenças entre medianas (DBM), dispersão visível total (OVS) e DBM como uma percentagem de OVS nos dois grupos, igual a 0,013, 1,114 e 1,17%, respetivamente, indicando que não há diferença significativa entre os dois conjuntos de dados.

4.4. Discussão

Atualmente, a PCR em tempo real baseada na química SYBR Green é amplamente utilizada para o desenvolvimento de ensaios de PCR quantitativos sensíveis e económicos devido ao seu desempenho competitivo quando comparado com os testes homólogos baseados na química TaqMan. Neste estudo, descrevemos um ensaio de PCR em tempo real sensível baseado na química SYBR Green para a deteção quantitativa da carga viral do VIH-1 em amostras de plasma humano.

Foram criados dois painéis de ensaio para o estudo. O painel do estudo de referência incluía 25 amostras seropositivas para o VIH-1 com carga viral de referência atribuída a essas amostras utilizando o kit *artus* HIV-1 RG RT-PCR (Qiagen, Alemanha) e um número igual de amostras de indivíduos saudáveis. Este painel foi utilizado principalmente para o desenvolvimento do ensaio. O painel do estudo clínico, por outro lado, era um painel secundário composto por 100 amostras e foi utilizado para avaliar o desempenho do ensaio. Foram também atribuídos valores de carga viral de referência a este painel utilizando o kit *artus* HIV-1 RG RT-PCR (Qiagen, Alemanha).

A maioria dos ensaios comerciais de carga viral do VIH-1 foi concebida e optimizada para a deteção de vírus encontrados na América do Norte e na Europa. Como resultado, estes ensaios sub-quantificam ou não amplificam alguns dos subtipos não-B do VIH-1 (Alaeus *et al.,* 1997;

Drexler *et al.*, 2007 & Korn *et al.*, 2009). Esta observação motivou-nos a identificar o gene gag dos vírus HIV-1 do subtipo C indiano como o alvo para desenvolver este ensaio de estimativa da carga viral do HIV-1 baseado na química SYBR Green. A linearidade do nosso ensaio variou entre 50 cópias de ARN do VIH-1 e 10^7 cópias de ARN do VIH-1/ml de amostra de plasma e teve um limite inferior de deteção de 50 cópias de ARN do VIH-1/ml.

Verificou-se que a medida normalizada de dispersão da distribuição de probabilidade dos dados gerados a partir do teste de precisão entre ensaios e expressa como coeficiente de variação aumentava à medida que os valores se aproximavam do limite de deteção. Este facto foi considerado aceitável, uma vez que a gama linear de deteção era ampla e estava ao nível dos ensaios PCR quantitativos padrão em tempo real (Mehta *et al.*, 2009; Fibriani *et al.*, 2012 & Gibellini *et al.*, 2004).

Verificou-se que a sensibilidade do ensaio era de 100%. A ausência de amplificação em 25 amostras clínicas do painel de referência seronegativo para o VIH-1 indica uma especificidade de 100%. Esta conclusão foi ainda consolidada pela análise da curva de dissociação de todas as amostras do painel de referência seropositivo. Foram detectados picos acentuados a 85,5°C em todas as amostras do painel de referência seropositivo e ausentes em amostras de indivíduos saudáveis. Os resultados obtidos no painel de estudo clínico indicaram um elevado nível de concordância entre as cargas virais geradas utilizando o kit comercial e o ensaio descrito neste estudo.

A fraca sensibilidade de dois ensaios comerciais [HIV RNA Real-TM Quant (Sacace Biotechnologies S.r.l, Itália) e HIV-1 Real Time RT PCR kit (Life River, Shanghai ZJ Biotech, China), respetivamente] demonstrada neste estudo pode dever-se à presença de incompatibilidades de nucleótidos nas regiões de ligação do iniciador e da sonda do genoma do VIH-1. Acreditamos que uma atenção insuficiente às sequências específicas do subtipo C do VIH-1 provenientes da Índia foi a principal razão para estes resultados. Esta conclusão está em conformidade com os dados apresentados por Drexler et al. que demonstraram que as amostras positivas para o VIH-1 que foram consideradas negativas por três ensaios comerciais apresentavam uma carga viral do VIH-1 de >5 000 cópias/ml quando testadas utilizando um protocolo de PCR caseiro em tempo real (Drexler *et al.*, 2007).

Para avaliar o desempenho do ensaio num contexto de recursos limitados, utilizámos o teste Wilcoxon signed-rank (semelhante ao *teste t* de Student emparelhado) como um teste de hipóteses estatísticas não paramétricas para comparar as duas amostras relacionadas (amostras de plasma armazenadas a -20°C e à temperatura ambiente, respetivamente) e verificar se as suas classificações médias populacionais diferiam. Os resultados indicaram que não houve diferenças significativas nas cargas virais detectadas em ambos os grupos (teste de Wilcoxon, $p = 0{,}105$), confirmando assim as conclusões retiradas de estudos semelhantes realizados noutros locais (Holodniy *et al.*, 2000). Num contexto de recursos limitados como a Índia, nem sempre estão disponíveis instalações de cadeia de frio para o transporte de amostras de plasma dos centros de colheita para os laboratórios de referência. A estabilidade das amostras à temperatura ambiente é, por conseguinte, importante para o tratamento clínico adequado dos doentes.

Ao longo dos anos, registou-se um aumento significativo da sensibilidade da quantificação do ARN do VIH-1 devido ao envolvimento sistemático de técnicas moleculares avançadas. No entanto, o aumento dos custos e a procura de maior sofisticação de reagentes e instrumentos são um mal necessário que tem de ser compensado para se conseguir um elevado nível de exatidão e consistência. Esta é, por conseguinte, uma razão imperiosa para explorar áreas em que a economia e a facilidade de trabalho podem ser associadas à exatidão, sensibilidade e especificidade na quantificação do ARN do VIH-1. Para resolver estas questões, desenvolvemos e avaliámos o desempenho do ensaio de deteção da carga viral do VIH-1 baseado na química SYBR Green. A importância deste estudo é elevada para um país em desenvolvimento como a Índia, que tem uma taxa elevada de infeção pelo VIH-1. Alguns ensaios comerciais originários da Europa e da China, com pouca atenção às sequências do genoma do VIH-1 do subtipo C específicas da Índia, geraram dados não optimizados no nosso estudo e, por conseguinte, comportam o risco de gerar dados propensos a erros com potencial para induzir em erro as decisões terapêuticas. Nestes contextos, o ensaio descrito no presente estudo, concebido especificamente para os vírus indianos do subtipo C, é útil, económico e fiável para a monitorização de rotina da carga viral do VIH-1 em contextos de recursos limitados.

Quadro 4.1: Caraterísticas do painel do estudo de referência.

Painel de referência sero positivo (n = 25)			**Painel de referência seronegativo (n = 25)**		
ID da amostra	**Idade**	**Género**	**ID da amostra**	**Idade**	**Género**
DBL001	28	Masculino	DBN001	29	Masculino
DBL002	39	Feminino	DBN002	24	Feminino
DBL003	44	Masculino	DBN003	21	Masculino
DBL004	21	Masculino	DBN004	46	Masculino
DBL005	47	Masculino	DBN005	35	Masculino
DBL006	24	Feminino	DBN006	39	Feminino
DBL007	27	Feminino	DBN007	42	Feminino
DBL008	35	Masculino	DBN008	31	Masculino
DBL009	45	Masculino	DBN009	36	Masculino
DBL010	54	Masculino	DBN010	45	Feminino
DBL011	19	Feminino	DBN011	26	Masculino

DBL012	28	Masculino	DBN012	21	Feminino
DBL013	34	Feminino	DBN013	37	Masculino
DBL014	31	Masculino	DBN014	41	Masculino
DBL015	25	Feminino	DBN015	28	Masculino
DBL016	42	Masculino	DBN016	37	Feminino
DBL017	47	Masculino	DBN017	35	Masculino
DBL018	29	Feminino	DBN018	32	Feminino
DBL019	24	Masculino	DBN019	27	Masculino
DBL020	27	Feminino	DBN020	26	Feminino
DBL021	29	Feminino	DBN021	29	Feminino
DBL022	36	Feminino	DBN022	38	Masculino
DBL023	34	Feminino	DBN023	39	Feminino
DBL024	31	Masculino	DBN024	34	Masculino
DBL025	50	Masculino	DBN025	38	Masculino

Quadro 4.2: Caraterísticas do painel de estudos clínicos.

ID da amostra	**Idade**	**Género**	**ID da amostra**	**Idade**	**Género**
SHP001	43	Masculino	SHP051	36	Feminino
SHP002	52	Feminino	SHP052	25	Masculino
SHP003	31	Masculino	SHP053	41	Feminino
SHP004	29	Feminino	SHP054	56	Masculino
SHP005	24	Masculino	SHP055	35	Feminino
SHP006	33	Masculino	SHP056	26	Masculino
SHP007	47	Masculino	SHP057	24	Masculino
SHP008	26	Feminino	SHP058	52	Feminino
SHP009	25	Feminino	SHP059	44	Masculino
SHP010	28	Feminino	SHP060	43	Feminino
SHP011	35	Feminino	SHP061	31	Masculino
SHP012	32	Masculino	SHP062	33	Feminino

SHP013	47	Feminino	SHP063	39	Masculino
SHP014	44	Masculino	SHP064	48	Feminino
SHP015	49	Feminino	SHP065	59	Feminino
SHP016	52	Masculino	SHP066	54	Feminino
SHP017	32	Feminino	SHP067	22	Masculino
SHP018	39	Masculino	SHP068	27	Masculino
SHP019	45	Masculino	SHP069	29	Masculino
SHP020	28	Feminino	SHP070	21	Masculino
SHP021	47	Feminino	SHP071	30	Masculino
SHP022	41	Masculino	SHP072	65	Masculino
SHP023	58	Masculino	SHP073	41	Feminino
SHP024	24	Masculino	SHP074	40	Feminino
SHP025	51	Masculino	SHP075	42	Masculino
SHP026	34	Masculino	SHP076	37	Masculino
SHP027	46	Feminino	SHP077	57	Feminino
SHP028	55	Masculino	SHP078	41	Feminino
SHP029	48	Feminino	SHP079	28	Feminino
SHP030	62	Feminino	SHP080	33	Feminino
SHP031	45	Masculino	SHP081	39	Feminino
SHP032	39	Feminino	SHP082	30	Masculino
SHP033	51	Feminino	SHP083	58	Masculino
SHP034	24	Feminino	SHP084	62	Feminino
SHP035	37	Feminino	SHP085	50	Masculino
SHP036	44	Masculino	SHP086	49	Feminino
SHP037	29	Feminino	SHP087	33	Feminino
SHP038	31	Feminino	SHP088	47	Masculino
SHP039	32	Masculino	SHP089	38	Feminino
SHP040	49	Masculino	SHP090	25	Masculino
SHP041	34	Masculino	SHP091	20	Masculino

SHP042	38	Masculino	SHP092	34	Feminino
SHP043	22	Masculino	SHP093	29	Masculino
SHP044	28	Masculino	SHP094	54	Masculino
SHP045	43	Masculino	SHP095	21	Masculino
SHP046	28	Masculino	SHP096	36	Feminino
SHP047	33	Masculino	SHP097	38	Masculino
SHP048	52	Feminino	SHP098	43	Feminino
SHP049	29	Masculino	SHP099	45	Feminino
SHP050	34	Feminino	SHP100	27	Feminino

Tabela 4.3: Interpretação dos resultados da RT-PCR *do artus* HIV-1 RG.

Espécime	**Canal FAM**	**Canal ROX**	**Interpretação**
Controlo positivo	+	+	Resultado válido
Controlo negativo	-	+	Resultado válido
Amostra	+	+	A amostra é positiva para o VIH-1
Amostra	-	+	A amostra é negativa para o VIH-1
Amostra	-	-	Resultado inválido (inibição da PCR amostra, repetir a reação a partir da amostra fresca).

Tabela 4.4: Precisão do ensaio de PCR em tempo real SYBR Green determinada neste estudo.

Concentração de referência (cópias/ml)	**Concentração medida (cópias/ml)**	**Desvio padrão (DP)**	**Coeficiente de variação (CV)**
52	50	1.65	0.0325
124	120	3.06	0.0251
344	345	0.47	0.0014
871	863	5.42	0.0063
1,235	1,250	10.14	0.0082
16,383	16,358	17.68	0.0011
267,816	267,098	507.70	0.0019

31,293	31,299	4.48	0.0001
541	534	4.71	0.0088
1,476	1,466	6.60	0.0045
4,572	4,555	12.26	0.0027
2571,210	2569,050	1,526.88	0.0006
76	89	9.43	0.1145
43,110	43,135	18.15	0.0004
5,447	5,414	23.10	0.0043
21,312	21,393	57.28	0.0027
96	94	1.65	0.0174
635,469	635,592	86.97	0.0001
626	620	4.48	0.0072
54,886	54,853	23.81	0.0004
8,742	8,781	27.58	0.0031
917,838	917,648	133.88	0.0001
74,511	74,552	29.23	0.0004
944	965	15.32	0.0161
9,648	9,984	237.82	0.0242

Nota: O desvio padrão e o coeficiente de variação foram determinados utilizando dados de 10 experiências independentes.

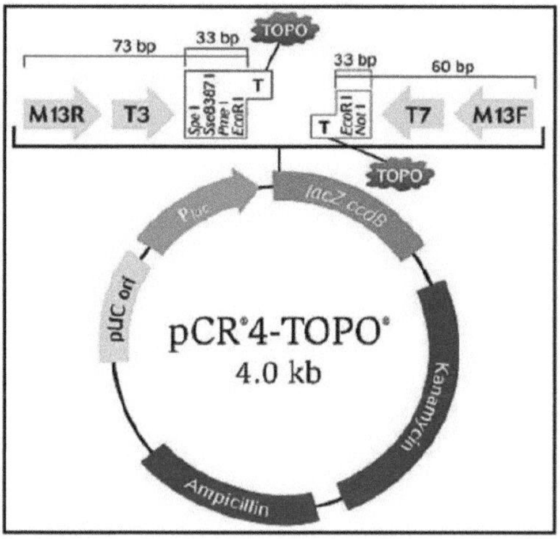

Figura 4.1: Mapa do vetor pCR4-TOPO

(Adaptado de www.lifetechnologies.com)

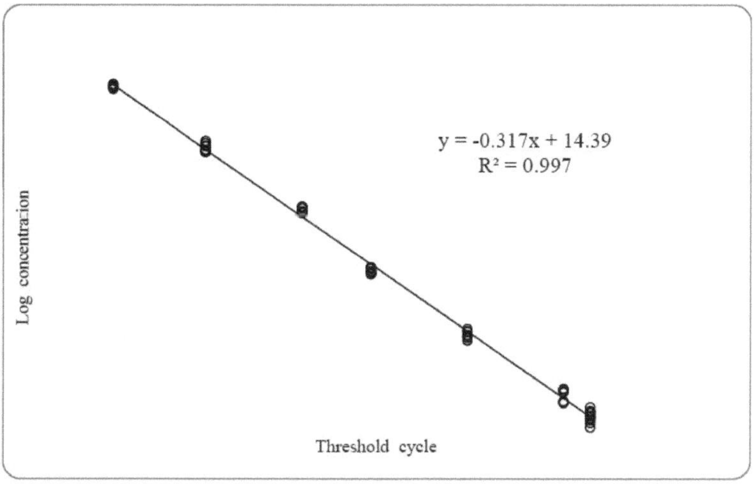

Figura 4.2: Curva-padrão para a quantificação da carga viral do VIH-1.

Concentração logarítmica de padrões de referência diluídos em série em função dos ciclos limiares correspondentes.

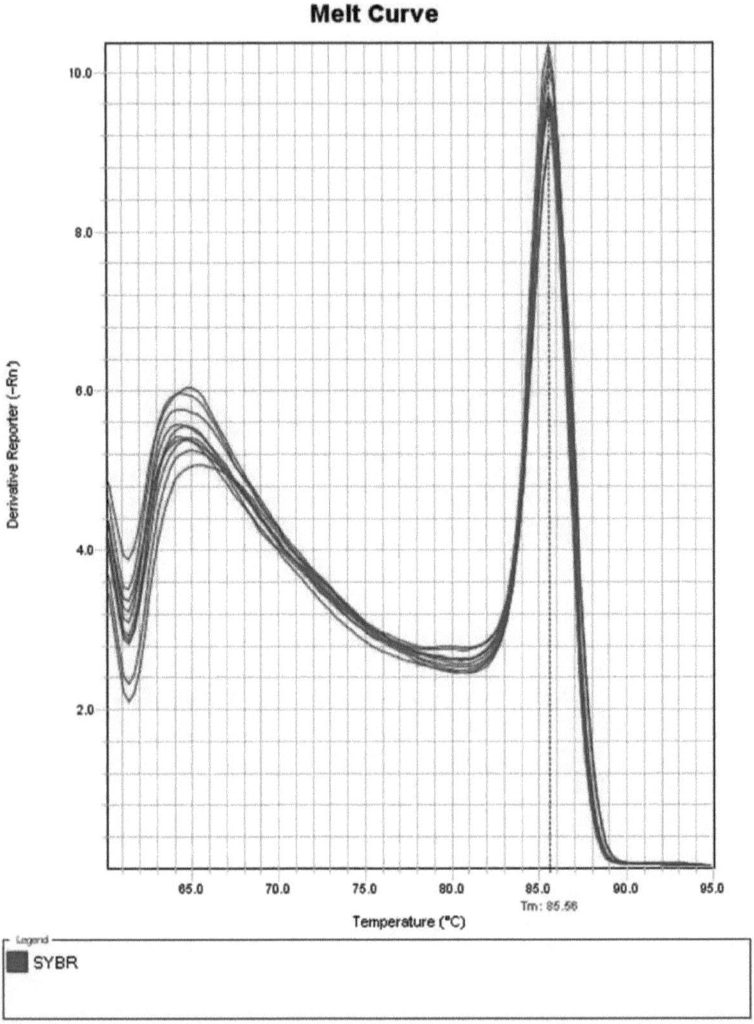

Figura 4.3: Curva de dissociação dos padrões de referência do VIH-1. A primeira derivada negativa do sinal fluorescente (eixo Y) foi representada em função da temperatura (eixo X).

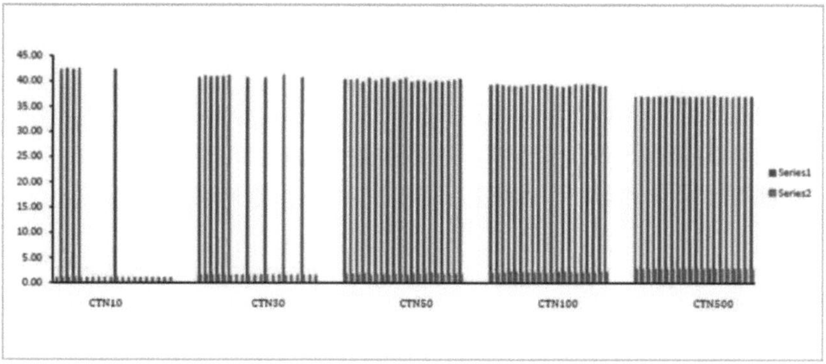

Figura 4.4: Diagrama de barras utilizado para determinar o limite de deteção do ensaio.

Concentração logarítmica da série de diluições representada com os ciclos de limiar correspondentes. Série 1: Apresenta os ciclos de limiar no eixo vertical; Série 2: Apresenta a concentração logarítmica no eixo vertical; CTN10: 10 cópias de ARN do VIH-1/ml; CTN30: 30 cópias de ARN do VIH-1/ml; CTN50: 50 cópias de ARN do VIH-1/ml; CTN100: 100 cópias de ARN do VIH-1/ml; CTN500: 500 cópias de ARN do VIH-1/ml.

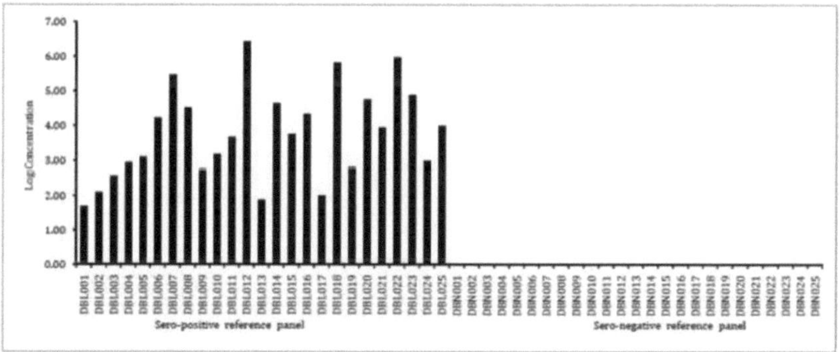

Figura 4.5: Diagrama de barras que mostra a sensibilidade e a especificidade do ensaio.

Painel de referência seropositivo representado por DBL001 - DBLO25. A amplificação de todas as amostras deste painel indica uma sensibilidade de 100%. Painel de referência seronegativo representado por DBN001 - DBN025. A ausência de amplificação em todas as amostras deste painel indica uma especificidade de 100%.

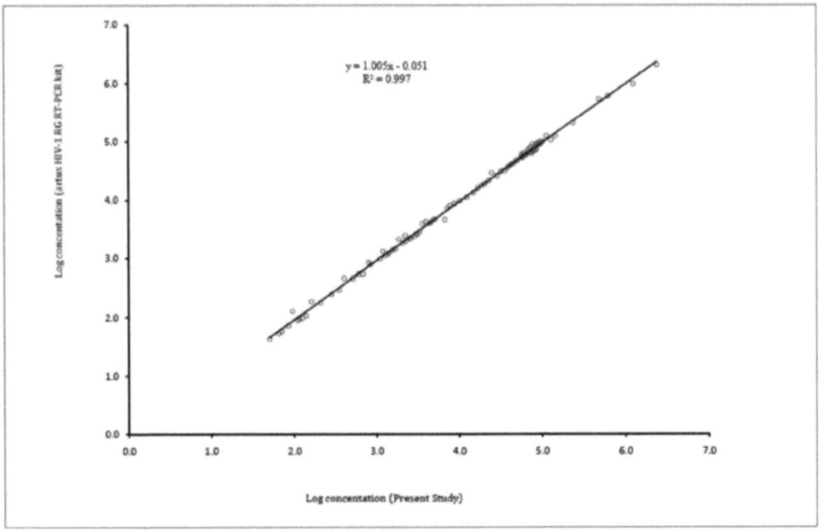

Figura 4.6: Correlação das cargas virais determinadas pelo kit *artus* HIV-1 RG RT-PCR (eixo y) e pelo presente estudo (eixo x).

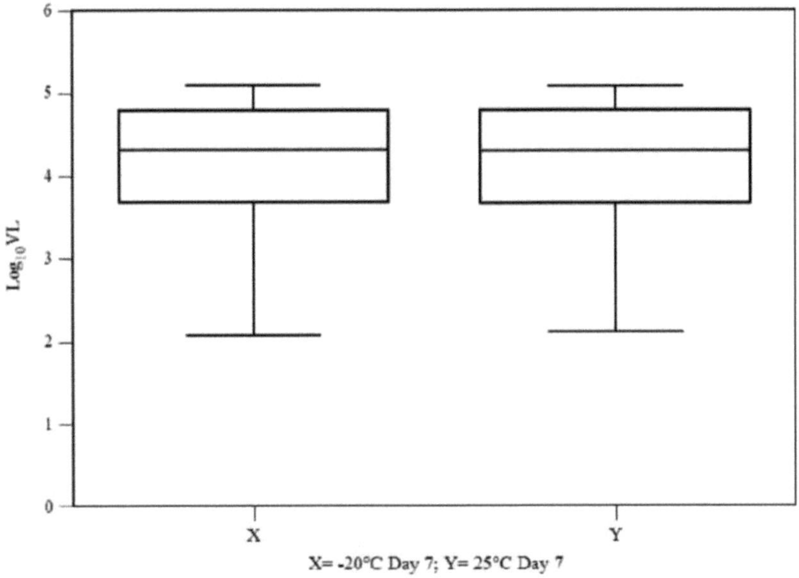

Figura 4.7: Comparação da carga viral de 10 amostras de plasma após armazenamento a (a) -20°C e (b) à temperatura ambiente (25°C) durante 7 dias antes do ensaio de PCR em tempo real SYBR Green, apresentada num gráfico de caixa e bigode.

Capítulo 5

Desenvolver um método económico de ensaio de genotipagem da resistência do VIH aos medicamentos que permita Identificação de todas as mutações conhecidas e Identificação de mutações conhecidas contra medicamentos utilizados na primeira linha de terapia

5.1 Protease e gene RT do VIH-1 como alvos do ensaio de genotipagem da resistência aos medicamentos

5.1.1. Introdução

A introdução da terapia antirretroviral (TARV) em todo o mundo melhorou drasticamente o estado de saúde dos indivíduos infectados pelo VIH-1 (Autran *et al.*, 1997). Este facto reflecte-se numa queda acentuada da mortalidade e da morbilidade associadas ao VIH-1/SIDA (Palella *et al.*, 1998). Os países em desenvolvimento, como a Índia, com uma população fortemente afetada pelo VIH-1, também registaram um aumento gradual da utilização da TARV e, atualmente, 0,6 milhões de pessoas estão a receber TARV de primeira linha (NACO, 2012). Para manter o sucesso deste programa de TARV, é importante monitorizar os doentes em intervalos regulares e continuar a mudar o regime de tratamento (Hammer *et al.*, 2008) de acordo com as necessidades do doente. Uma vez que a resistência aos medicamentos contra o VIH-1 é uma das causas formidáveis de insucesso do tratamento e que a escolha de medicamentos é limitada, é necessário um sistema rentável de monitorização da resistência aos medicamentos contra o VIH-1 em contextos de recursos limitados como a Índia (Bertagnolio *et al.*, 2008).

A fim de monitorizar a progressão da doença em doentes submetidos a TARV, estão a ser avaliadas várias ferramentas, como o teste CD4 no local de prestação de cuidados, o teste de carga viral do VIH-1 e a análise da resistência do VIH-1 aos medicamentos utilizando manchas de plasma/sangue seco, para determinar a sua adequação a um contexto de recursos limitados em termos de custos e eficiência (Mehta *et al.*, 2009; Greengrass *et al.*, 2007; Bergeron *et al.*, 2012 & Jani *et al.*, 2011). Entre estes, o ensaio de genotipagem da resistência do VIH-1 aos medicamentos é de especial relevância devido à sua utilização na monitorização das mutações de resistência aos medicamentos transmitidas em indivíduos que não utilizam medicamentos (Bennett *et al.*, 2008(a)). As informações relativas ao aparecimento e à prevalência de mutações de resistência do VIH-1 aos medicamentos são importantes para orientar a estratégia nacional de implementação do programa de TARV em contextos de recursos limitados com opções de tratamento limitadas (Bennett *et al.*, 2008(b)).

Os kits comerciais disponíveis para a genotipagem da resistência do VIH-1 aos medicamentos são caros e os custos de funcionamento proibitivos impedem a sua utilização de rotina em países com recursos limitados como a Índia (Saravanan *et al.*, 2009). Estes ensaios foram concebidos especificamente para estirpes do subtipo B do VIH-1 predominantes na América do Norte e na Europa. Por conseguinte, a diversidade genética das estirpes de VIH-1 não pertencentes ao subtipo B predominantes em África e na região da Ásia-Pacífico constitui um desafio à utilização destes kits nessas regiões geográficas (Peeters *et al.*, 2003). Este facto levou a esforços contínuos para desenvolver ensaios caseiros de genotipagem da resistência do VIH-1 aos medicamentos em todo o mundo, com sucesso variável (Parkin *et al.*, 2012; Aitken *et al.*, 2012 & Wallis *et al.*, 2010). A Índia é dominada pelo vírus VIH-1 do subtipo C (Shen *et al.*, 2011). Recentemente, demonstrámos uma tendência geográfica definida de motivos de sequência de nucleótidos em regiões específicas do genoma do VIH-1 (Acharya *et al.*, 2013) que indicam a necessidade de um ensaio de resistência aos medicamentos do VIH-1 de alta qualidade, não só económico mas também específico da região, para a monitorização periódica de doentes submetidos a TARV.

Neste estudo, apresentamos um ensaio económico de genotipagem da resistência do VIH-1 aos medicamentos para a população indiana, validado com o ViroSeq Genotyping System 2.0 (Celera Diagnostics, EUA) aprovado pela FDA dos EUA, e demonstramos a sua eficácia na identificação de todas as mutações resistentes aos medicamentos relacionadas com as classes NRTI, NNRTI e PI de medicamentos anti-retrovirais.

5.1.2. Material e métodos

5.1.2.1. População do estudo

Neste estudo, foram utilizadas como painel de referência amostras de plasma colhidas de 20 doentes VIH-1 positivos da Índia com experiência de tratamento e de doentes com falência virológica. As caraterísticas clínicas desta população de recurso são descritas no Quadro 5.1.1.

O painel clínico utilizado neste estudo era composto por 225 amostras. Os doentes foram registados durante o período de maio de 2012 e setembro de 2013 na Índia e todos estavam sob terapia antirretroviral de primeira linha há mais de 6 meses e a falhar a terapia antirretroviral altamente ativa [HAART] de acordo com as actuais diretrizes de tratamento do VIH seguidas na Índia (Kumarasamy *et al.*, 2011). Após o desenvolvimento do ensaio de genotipagem interno aqui descrito, este painel clínico foi utilizado para estudar a prevalência das mutações de resistência aos medicamentos do VIH-1 na Índia. Os pormenores das caraterísticas demográficas e clínicas destas 225 amostras estão resumidos na Tabela 5.1.2. O estudo foi devidamente aprovado pela investigação clínica do laboratório SN Gene, pelo comité institucional de bio-segurança e bio-ética (número de aprovação DGL/2012/WY07). Foi obtido o consentimento informado por escrito de todos os participantes inscritos neste programa.

5.1.2.2. Colheita e armazenamento de amostras

Foram colhidos dez ml de sangue de cada membro do painel em tubos vacutainer com K_2-EDTA (Becton Dickinson, San Diego, Califórnia, EUA). Destes, 2-3 ml foram utilizados para a contagem de células T CD4+ e os restantes para a separação do plasma. As amostras de plasma foram armazenadas em alíquotas de 1 ml a -200C até utilização posterior. Os pormenores da metodologia de isolamento do plasma foram descritos na secção 4.2.1.1.

5.1.2.3. Carga viral do VIH-1 e estimativa da contagem de células T CD4+

A carga viral das amostras de referência e do painel clínico foi determinada utilizando o kit *artus* HIV-1 RG RT-PCR (Qiagen, Alemanha), enquanto as contagens de células T CD4/CD8+ foram estimadas utilizando um citómetro de fluxo FACS CALIBUR (BD Biosciences, Califórnia, EUA), ambos de acordo com as instruções do respetivo fabricante.

5.1.2.4. Sistema de genotipagem ViroSeq

A genotipagem da resistência aos medicamentos do VIH-1 das amostras do painel de referência foi efectuada utilizando o sistema de genotipagem ViroSeq aprovado pela FDA dos EUA, de acordo com as instruções do fabricante. O software do sistema de genotipagem ViroSeq HIV-1 v2.6 e o Stanford HIVDB (Liu *et al.,* 2006) foram utilizados para a interpretação da resistência aos medicamentos.

5.1.2.5. Extração de ARN e genotipagem interna da resistência do VIH-1 aos medicamentos

A análise de genotipagem da resistência aos medicamentos das amostras de referência e do painel clínico foi efectuada de acordo com o método descrito a seguir:

O ARN do VIH-1 foi extraído de amostras de plasma armazenadas a -20^{0}C no prazo de 7 dias após a colheita, utilizando um mini-kit QIAamp Viral RNA (Qiagen, Alemanha) e submetido a uma PCR RT de um passo. Seguiu-se uma nested PCR para gerar um amplicon de 1614 pb que cobria todo o gene da protease e mais de 300 aminoácidos iniciais do gene da transcriptase reversa. Todos os primers descritos neste estudo foram concebidos utilizando sequências do gene *pol* do VIH-1 registadas na Índia e disponíveis no NCBI GenBank. Os pormenores da metodologia de extração de ARN foram descritos na secção 4.2.2.

Resumidamente, as amostras de ARN extraídas foram objeto de transcrição reversa e depois amplificadas utilizando o sistema SuperScript III One-Step RT-PCR (Life Technologies, Foster City, EUA). Cinquenta µl de uma mistura de reação composta por 25 µl de mistura de reação 2X, 2 µl de mistura de enzimas (SuperScript III RT e Platinum Taq), 20 µl de ARN e cada um dos primers (forward e reverse) a uma concentração final de 10 pmoles por reação, respetivamente. As sequências de iniciadores utilizadas na reação foram as seguintes 5'- GCTGTTGGAAATGTGGAA - 3' (forward) e 5'- TGGCTTGCCAATAGTCTGT - 3' (reverse). O perfil de termociclagem consistiu em 60 minutos de transcrição reversa a 45 °C, seguidos de 5 minutos de aquecimento a 95 °C e 35 ciclos subsequentes de amplificação por PCR, cada um dos quais compreendendo 95 °C durante 30 segundos, 56 °C durante 45 segundos e 72 °C durante 180 segundos, seguidos de uma extensão final de 10 minutos a 72 °C.

Para a PCR aninhada, utilizou-se como modelo 5 µl do produto da 1ª ronda de PCR. A mistura de reação era constituída por 25 µl de 2X PCR Mix v.2.0 (TaKaRa-bio, CA, EUA), 10 pmoles de cada iniciador (forward e reverse) e água sem nuclease para perfazer o volume de 50 µl. O perfil de termociclagem consistiu num passo de desnaturação inicial de 5 minutos a 95°C, seguido de 35 ciclos de amplificação por PCR, cada um compreendendo 95°C durante 30 segundos, 59°C durante 45 segundos e 72°C durante 180 segundos, seguidos de 10 minutos de extensão final a 72°C. As sequências de iniciadores utilizadas para a reação de nested PCR foram 5'- GTGGAAAGGAAGGACACCA - 3' (forward) e 5'- TGTTTTACATCATTAGTGT - 3' (reverse). Os produtos de PCR gerados a partir da PCR aninhada foram corridos num gel de agarose a 1% (Promega Corporation, Madison, EUA), corados com brometo de etídio (0,5 µg/ml), visualizados sob uma fonte de UV (260 nm) e documentados utilizando um sistema automatizado de documentação em gel (BIORAD, EUA). Para o controlo de qualidade, foram utilizadas amostras de controlo negativas, pouco positivas e muito positivas em cada lote de reacções.

Os produtos de PCR gerados a partir da nested PCR foram purificados utilizando um PureLink Quick PCR Purification Kit (Invitrogen, EUA) e submetidos a sequenciação de ADN de cadeia dupla utilizando 4 pares de iniciadores de sequenciação. As reacções de sequenciação foram realizadas utilizando o BigDye Terminator v3.1 Cycle Sequencing Kit (Applied Biosystems, EUA), de acordo com as instruções do fabricante, seguidas de eletroforese capilar realizada num analisador genético ABI PRISM 3500 Dx (Applied Biosystems, EUA). As sequências de nucleótidos de todos os iniciadores de oligonucleótidos utilizados para gerar dados de sequências bidireccionais, com exceção dos utilizados para a amplificação por PCR aninhada, foram as seguintes 5'- GTACAGTATTAGTAGGAC - 3', 5'- ATATCAATATAATGTGC - 3', 5'- ATGATATACAGAAGTTAGT - 3', 5'- TACTGGTACAGTTTCAATA - 3', 5'- TGTTTATACTAGGGTATGGT - 3' e 5'- CTGGCAGCTGTATAGGCTGTA - 3'. Os pormenores da metodologia de sequenciação do ADN foram descritos na secção 3.2.6.

Os dados brutos da sequência de nucleótidos gerados foram editados manualmente e reunidos numa única sequência contígua, arquivados e comparados com a sequência padrão da estirpe de referência do VIH-1 (HXB2) para obter os dados de variação de nucleótidos. Para determinar o subtipo do VIH-1 e obter o perfil de mutação da resistência do VIH-1 aos medicamentos, as sequências de nucleótidos editadas foram analisadas utilizando o Stanford HIVDB (Liu *et al.*, 2006). Foram utilizados códigos de aminoácidos de uma só letra em todo o manuscrito, de acordo com a nomenclatura padrão da IUPAC.

5.I.2.6. Critérios de validação

A validação da metodologia de ensaio descrita neste estudo foi efectuada de acordo com as orientações da OMS (OMS, 2009; http://www.who.int/hiv/pub/drugresistance/lab_ training/en/).

5.1.2.7. Exatidão

A exatidão do ensaio foi avaliada através da análise do grau de concordância entre as mutações de resistência aos medicamentos identificadas pelo sistema de genotipagem ViroSeq e o ensaio interno utilizando o painel de referência de acordo com a lista de mutações da IAS (Johnson *et al.*, 2013).

5.1.2.8. Sensibilidade

A sensibilidade do ensaio foi avaliada utilizando 5 amostras clínicas retiradas do painel de referência. Foi preparada uma série de diluições para cada amostra com carga viral de 100000, 10000, 5000, 1000 e 500 cópias/ml de ARN do VIH-1 e testada em triplicado utilizando o protocolo de ensaio interno.

5.1.2.9. Precisão e reprodutibilidade

A precisão e a reprodutibilidade do ensaio foram avaliadas utilizando cinco amostras clínicas retiradas do painel de referência e testadas em cinco réplicas cada. O grau de concordância das mutações associadas à resistência aos medicamentos e a identidade da sequência de nucleótidos foram utilizados para estimar a precisão e a reprodutibilidade.

5.1.2.10. Análise filogenética

A árvore filogenética foi construída utilizando o método Neighbor-Joining (Saitou *et al.*, 1987) no software MEGA 5.1 (Tamura *et al.*, 2011), em que a percentagem de árvores replicadas em que os taxa associados se agruparam no teste de bootstrap (1000 réplicas) é apresentada acima dos ramos (Felsenstein, 1985). As distâncias evolutivas foram calculadas utilizando o método da Máxima Verosimilhança Composta e estão em unidades de número de substituições de bases por local. A variação da taxa entre sítios foi modelada com uma distribuição gama (parâmetro de forma = 1).

A árvore do painel de referência tinha 129 sequências, que incluíam 20 amostras do painel de referência, cada uma delas testada com o ensaio de genotipagem interno (n=20) e com o sistema de genotipagem ViroSeq (n=20), respetivamente, 50 dados de sequências gerados a partir de 5 amostras clínicas, cada uma delas testada em 5 réplicas para obter dados de precisão (n=25) e dados de reprodutibilidade (n=25), respetivamente, e 39 sequências de referência do grupo M do VIH-1 obtidas da base de dados de sequências do VIH (http: / / www . hiv . lanl . gov / content / index) mantida pelo Laboratório Nacional de Los Alamos, Universidade da Califórnia, EUA. A árvore do painel clínico era composta por 245 sequências que incluíam 39 sequências de referência do subtipo HIV-1, conforme descrito acima, e 206 sequências do painel clínico.

5.1.2.11. Análise estatística

Os parâmetros clínicos e biológicos dos indivíduos do estudo nos painéis clínicos e de referência são apresentados em frequência (%) para as variáveis categóricas. Para as variáveis quantitativas, os dados são apresentados em média± desvio-padrão (DP) ou mediana [intervalo interquartil (IQR)]. A prevalência de mutações de resistência aos medicamentos foi calculada com um intervalo de confiança (IC) de 95%.

5.1.2.12. Números de acesso da sequência nucleotídica

O número de acesso ao GenBank das sequências geradas neste estudo é KJ185171 - KJ185376.

5.1.3. Resultados

5.1.3.1. Conceção do ensaio

O presente ensaio foi optimizado com base num protocolo de RT-PCR aninhado para obter a máxima sensibilidade possível. O amplicon da PCR cobriu todo o gene da protease e 1st 300 aminoácidos do gene RT, de modo a incluir todas as principais mutações de resistência aos medicamentos, de acordo com a lista de mutações da IAS. Os iniciadores utilizados no estudo foram concebidos a partir de uma base de dados de sequências do gene pol do VIH-1 registadas na Índia e em arquivadas no NCBI GenBank, EUA.

5.1.3.2. Exatidão

As 20 amostras do painel de referência foram genotipadas utilizando o sistema de genotipagem ViroSeq, bem como o ensaio de genotipagem interno. A identidade média de nucleótidos e aminoácidos entre os dois testes foi de 99,21±0,58% e 99,65±0,43%, respetivamente. Foi detectado um total de 101 mutações de resistência aos medicamentos pelo ensaio interno, em comparação com 104 utilizando o sistema de genotipagem ViroSeq. A análise comparativa das mutações de resistência aos medicamentos detectadas por ambos os métodos é descrita no Quadro 5.1.3.

5.1.3.3. Sensibilidade

O ensaio foi optimizado para a amplificação de amostras de plasma com 1000 cópias/ml ou mais de ARN do VIH-1. Este limite de deteção foi estabelecido através do teste de uma série de diluições de 5 amostras em triplicado. O resultado do ensaio é descrito no quadro 5.1.4. Verificou-se que, até 1000 cópias/ml de ARN do VIH-1, todas as réplicas de 5 amostras clínicas amplificaram com êxito, mas a 500 cópias/ml de ARN do VIH-1 os resultados foram inconsistentes.

5.1.3.4. Precisão e reprodutibilidade

Todas as cinco réplicas de 5 amostras clínicas puderam ser amplificadas e sequenciadas com êxito. A identidade média da sequência de nucleótidos para a precisão variou entre 99,68±0,16% e 100%, enquanto a identidade média da sequência de nucleótidos para a reprodutibilidade variou entre 99,76±0,18% e 100%. Os resultados estão resumidos no Quadro 5.1.5. Não foram detectadas mutações discordantes de resistência a medicamentos nos dados replicados gerados para precisão e reprodutibilidade.

A árvore de máxima verosimilhança construída com Mega 5.1 confirmou a ausência de qualquer mistura de amostras ou contaminação cruzada e as sequências geradas a partir da mesma amostra agruparam-se (Figura 5.1.1).

5.1.3.5. Resultado do painel clínico

Após o desenvolvimento do ensaio interno, este foi utilizado para testar um painel clínico especialmente criado para este fim. A carga viral e a contagem de células T CD4+ das amostras do painel clínico estão descritas no quadro 5.1.2. Das 225 amostras, 210 responderam com êxito à amplificação por PCR, das quais 206 puderam ser sequenciadas e analisadas com êxito para detetar mutações de resistência do VIH-1 aos medicamentos. Entre 110 amostras com carga viral de 10^5 cópias de ARN do VIH-1/ml de plasma e superior, 107 puderam ser amplificadas com êxito e ambas as cadeias de ADN sequenciadas. Por outro lado, das 90 amostras com carga viral entre 10^4 e 10^5 cópias de ARN do VIH-1/ml de plasma, 82 puderam ser amplificadas com êxito, mas apenas 80 puderam ser sequenciadas para ambas as cadeias. Entre 13 amostras com carga viral entre 5 X 10^3 e 10^4 cópias de ARN do VIH-1/ml de plasma, 12 puderam ser amplificadas com êxito, mas só foi possível obter a sequência de ADN de cadeia dupla para 11 delas. Entre 12 amostras com carga viral entre 10^3 e 5 X 10^3 cópias de ARN do VIH-1/ml de plasma, 9 puderam ser amplificadas com êxito e foi possível gerar uma sequência de ADN de cadeia dupla em 8 delas.

Das 206 amostras genotipadas, 176 (85,5%), 29 (14,0%) e 1 (0,5%) eram de doentes infectados com o VIH-1 de subtipo C, subtipo A e subtipo B, respetivamente (Figura 5.1.2). As amostras de 28 (13,59%) doentes não apresentavam quaisquer mutações relacionadas com a resistência do VIH-1 aos medicamentos e 178 (86,41%) apresentavam pelo menos uma mutação ou mutações de resistência do VIH-1 aos medicamentos. Cento e cinquenta e nove (77,18%) amostras apresentavam pelo menos uma mutação de resistência aos NRTI, enquanto 161 (78,16%) apresentavam pelo menos uma mutação nos NNRTI. As amostras de 41 (19,90%) doentes apresentavam pelo menos uma mutação PI.

As três classes de mutações foram detectadas em amostras de 29 (14,08%) doentes. Entre os 147 doentes em regime de TARV de 1.ª linha à base de NNRTI e NRTI, 116 tinham mutações pertencentes a estas 2 categorias de medicamentos. A M184V foi a mutação NRTI mais comum detectada em 132 (64,08%) doentes. 76 (36,89%) dos doentes apresentavam pelo menos uma mutação análoga à timidina (TAM). A distribuição das TAMs nas amostras do painel clínico foi, respetivamente, M41L-40 (19,42%), D67N-37 (17,96%), K70R-31 (15,05%), L210W-12 (5,83%), T215F/Y-60 (29,12%) e K219E-8 (3,88%). Foram detectados três ou mais TAMs em 32 (15,53%) amostras, enquanto o complexo Q151M (Q151M, V75I, F77L e F116Y) foi observado apenas em 2 (0,97%) doentes. Os pormenores de outras mutações relacionadas com os NRTI detectadas neste estudo estão descritos na Figura 5.1.3A.

A mutação K103N foi a mutação NNRTI mais comum presente em 72 (34,95%) doentes. A prevalência de outras mutações NNRTI comuns na população estudada foi K101E/H-24 (11,65%), V106M-20 (9,71%), Y181C/I-49 (23,79%) e G190A/S-39 (18,93%), respetivamente. Os pormenores de outras mutações relacionadas com os NNRTI estão descritos na Figura 5.1.3B.

Pelo menos uma mutação de resistência PI maior ou menor foi detectada em 23 e 38 doentes, respetivamente, entre os 59 genotipados com êxito, que foram expostos a uma terapia antirretroviral de 1.ª linha baseada em PI potenciado com ritonavir. Destas, 20 amostras apresentavam mutações PI maiores e menores, enquanto 18 e 3 apresentavam apenas mutações PI menores e apenas PI maiores, respetivamente. Dezoito amostras não apresentavam quaisquer mutações relacionadas com a IP. As principais mutações PI mais comuns detectadas foram M46I/L-14 (6,80%), I54A/T/V-16 (7,77%), V82A/C/F-16 (7,77%) e L90M-8 (3,88%), respetivamente. L10F/I/V-29 (14,08%) e A71T/V-14 (6,80%) foram as duas mutações menores comuns de PI observadas no painel clínico. Os pormenores de outras mutações relacionadas com a PI estão descritos na Figura 5.1.3C.

5.1.3.6. Análise comparativa do custo e do tempo de execução do ensaio interno com o sistema de genotipagem ViroSeq

O quadro 5.1.6 descreve o tempo de trabalho e o custo das diferentes fases da análise, desde a recolha da amostra clínica até à interpretação das mutações de resistência aos medicamentos. Todos os custos são apresentados em dólares americanos. No entanto, o custo da criação do laboratório de referência capaz de efetuar o ensaio não está incluído na análise. Além disso, foram também excluídos alguns custos importantes comuns a ambos os ensaios, tais como logística e mão de obra. Os tempos de execução do sistema de genotipagem ViroSeq e do método interno foram de 18 horas e 45 minutos e 17 horas e 15 minutos, respetivamente, enquanto o custo de funcionamento do ensaio interno foi calculado em 85 dólares, em comparação com 303 dólares para o sistema de genotipagem ViroSeq.

5.1.4. Discussão

O ensaio de genotipagem da resistência do VIH-1 aos medicamentos não é viável para a monitorização de rotina de pacientes que tomam medicamentos anti-retrovirais de 1ª linha em contextos de recursos limitados como a Índia, principalmente devido ao elevado custo dos ensaios comerciais de genotipagem do VIH-1 atualmente disponíveis no mercado (Aitken *et al.*, 2013). Mas o aumento do acesso aos medicamentos anti-retrovirais sem uma monitorização adequada resulta na transmissão de estirpes do VIH-1 resistentes aos medicamentos em indivíduos recentemente infectados (Geretti 2007). Os métodos laboratoriais para monitorizar o resultado do tratamento e as orientações adequadas relativas ao curso de ação em caso de falha terapêutica são fundamentais na gestão do VIH-1/SIDA. O ensaio de genotipagem da resistência do VIH-1 aos medicamentos em doentes com falência virológica funciona como uma ferramenta de orientação durante a mudança para a linha de tratamento seguinte (Saravanan *et al.*, 2009). Efectuámos uma análise de custos do ensaio de genotipagem da resistência aos medicamentos descrito neste estudo e comparámo-lo com o custo de funcionamento do sistema de genotipagem ViroSeq, o que indicou que o nosso ensaio é cerca de 71,9% mais económico do que este último. Este atributo torna este ensaio mais adequado para a monitorização de rotina de estirpes de resistência aos medicamentos transmitidas pelo VIH-1, bem como para a deteção de mutações de resistência aos medicamentos em doentes com falência virológica.

As mutações de resistência aos medicamentos detectadas pelo nosso ensaio interno apresentaram uma excelente concordância quando comparadas com os resultados correspondentes do sistema de genotipagem ViroSeq. O ensaio foi capaz de detetar todas as mutações clinicamente relevantes de acordo com a lista de mutações IAS 2013 (Johnson *et al.*, 2013). Estes resultados demonstram a utilidade e a viabilidade deste ensaio caseiro na vigilância e monitorização da resistência do VIH-1 aos medicamentos em contextos de recursos limitados como a Índia.

Nenhum dos ensaios de genotipagem da resistência do VIH-1 aos medicamentos, incluindo os ensaios comerciais aprovados pela FDA dos EUA, bem como vários ensaios caseiros, consegue amplificar com êxito 100% das amostras clínicas, principalmente devido à elevada variabilidade genética do VIH-1 (Aghokeng *et al.*, 2011) e à ocorrência de mutações espontâneas nas regiões de ligação dos iniciadores do genoma viral (Korn *et al.*, 2009). Neste contexto, o ensaio caseiro descrito neste estudo conseguiu genotipar com êxito 91% das amostras do painel clínico, o que foi considerado satisfatório. Esta elevada taxa de sucesso deve-se possivelmente aos primers específicos da região geográfica concebidos para este ensaio, juntamente com a incorporação de um protocolo de PCR aninhado.

O ensaio interno descrito neste estudo foi validado de acordo com as diretrizes da OMS para a genotipagem da resistência do VIH-1 aos medicamentos e demonstrou um elevado grau de precisão e reprodutibilidade. O limite de deteção deste ensaio foi de 1000 cópias de ARN do VIH-1/ml de amostra de plasma. Este facto está em conformidade com estudos semelhantes realizados na Índia e noutras partes do mundo (Chaturbhuj *et al.*, 2014 & Zhou *et al.*, 2011). O ensaio tem capacidade para detetar todos os principais subtipos de VIH-1 (VIH-1 subtipo A, B e C) predominantes na Índia (Neogi *et al.*, 2007), tal como revelado pelos resultados da genotipagem do painel clínico.

A principal limitação do presente estudo é a falta de diversidade de subtipos no painel de referência. Um painel ideal deve incluir todos os subtipos do grupo M do VIH-1, incluindo as formas recombinantes circulares, que não foram incluídas neste estudo devido à escassez de tais amostras entre os indivíduos seropositivos para o VIH-1 na Índia. Apesar desta limitação, devido à validação rigorosa dos parâmetros do ensaio, de acordo com as diretrizes da OMS, o nosso ensaio é considerado mais fiável e seguro. A genotipagem do painel clínico neste estudo simulou condições de campo em tempo real e demonstrou um bom desempenho na deteção de todas as mutações clinicamente relevantes de resistência aos medicamentos para o VIH-1 nos genes da protease e da transcriptase reversa. Este resultado também está em consonância com as observações feitas noutros estudos semelhantes que relatam padrões de mutações de resistência do VIH-1 aos medicamentos em doentes que não receberam o 1.º primeiro file ART na Índia (Sen *et al.*, 2007; Deshpande *et al.*, 2007; Sinha *et al.*, 2012; Kumarasamy *et al.*, 2009 & Vidya *et al.*, 2009).

Em conclusão, relatamos o desenvolvimento e a validação de um ensaio de genotipagem da resistência do VIH-1 aos medicamentos de baixo custo para contextos de recursos limitados como a Índia, com potencial para satisfazer a procura crescente de genotipagem do VIH-1 na *era da* HAART para tratar eficazmente os doentes com VIH/SIDA.

Tabela 5.1.1: Caraterísticas clínicas e subtipo do painel de referência.

ID da amostra	Carga viral plasmática (cópias/ml de ARN do VIH-1)	Regime de TARV	Subtipo de VIH-1	Genótipo plasmático	
				ViroSeq	Internamente
HIV-IN-638	1680600	AZT+3TC+ EFV	C	+	+
VIH-IN-642	2576440	AZT+3TC+NVP	C	+	+
VIH-IN-648	6598655	AZT+3TC+ EFV	C	+	+
HIV-IN-652	1154880	TDF+3TC+NVP	C	+	+
VIH-IN-655	2237655	ATV/r+TDF+3TC	C	+	+
HIV-IN-661	875600	TDF+3TC+EFV	C	+	+
HIV-IN-662	165895	AZT+3TC+NVP	C	+	+
VIH-IN-665	436278	TDF+3TC+NVP	C	+	+
HIV-IN-669	278354	AZT+3TC+ EFV	C	+	+
VIH-IN-670	122400	AZT+3TC+ EFV	C	+	+
HIV-IN-672	24388	TDF+3TC+EFV	C	+	+

HIV-IN-675	46544	ATV/r+TDF+3TC	C	+	+
HIV-IN-678	75390	TDF+3TC+EFV	C	+	+
HIV-IN-679	33175	TDF+3TC+NVP	C	+	+
HIV-IN-683	12540	AZT+3TC+NVP	A	+	+
VIH-IN-685	8755	AZT+3TC+NVP	C	+	+
VIH-IN-688	4655	ATV/r+TDF+3TC	C	+	+
HIV-IN-690	2690	AZT+3TC+ EFV	C	+	+
VIH-IN-694	2100	AZT+3TC+ EFV	A	+	+
VIH-IN-695	1350	AZT+3TC+NVP	C	+	+

"+": Amplificação positiva; ART: Terapia antirretroviral; AZT: Zidovudina; 3TC: Lamivudina; EFV: Efavirenz; NVP: Nevirapina; TDF: Tenofovir; ATV/r: Atazanavir/r;

Tabela 5.1.2: Caraterísticas demográficas e resultados laboratoriais do painel clínico.

Variáveis	**Resumo, n=225**
Idade (anos), mediana (IQR)	32 (26-41)
Sexo, n (%):	
Masculino	121 (53.7%)
Feminino	90 (40.0%)
Criança	14 (6.3%)
Mediana da contagem de células CD4T, células/pl (IQR)	137 (100-180)
Mediana da carga viral, log10 cópias/ml (IQR)	5.055 (4.39-5.47)
Exposição ao risco, n (%):	
Heterossexual (%)	115 (51.2%)
Bissexual (%)	40 (17.7%)
HSH (%)	50 (22.2%)
MTC (%)	20 (8.9%)
Outras co-infecções, n (%)	48 (21.3%)
Subtipos de VIH-1, n (%):	
Subtipo C	176 (85.5%)

Subtipo A	29 (14.0%)
Subtipo B	1 (0.5%)
Regime de tratamento:	
AZT, 3TC, EFV	35 (15.56%)
AZT, 3TC, NVP	50 (22.22%)
TDF, 3TC, NVP	45 (20.00%)
TDF, 3TC, EFV	35 (15.56%)
ATV/r, TDF, 3TC	35 (15.56%)
LPV/r, AZT, 3TC	25 (11.10%)

IQR: Intervalo interquartil; MSM: Homens que têm sexo com homens; MTC: Transmissão de mãe para filho; AZT: Zidovudina; 3TC: Lamivudina; EFV: Efavirenz; NVP: Nevirapina; ATV/r: Atazanavir/r; LPV/r: Lopinavir/r;

Quadro 5.1.3: Comparação das mutações de resistência aos medicamentos identificadas pelo sistema de gentipagem ViroSeq e pelo ensaio in house.

ID da amostra	**Mutações**			
	Gene da protease		**gene RT**	
	ViroSeq	**Internamente**	**ViroSeq**	**Internamente**
HIV-IN-638	Nenhum	Nenhum	K103N, M184V, Y188L	K103N, M184V, Y188L
VIH-IN-642	Nenhum	Nenhum	Nenhum	Nenhum
VIH-IN-648	M46V, I54V, V82A	M46V, I54V, V82A	K103N, M184V	K103N, M184V
HIV-IN-652	L10F, I54V, V82F	L10F, I54V, V82F	T215I	T215I
VIH-IN-655	**L10I**	Nenhum	M184V	M184V
HIV-IN-661	A71T	A71T	K103N, V108I, M184V	K103N, V108I, M184V
	L10I, L24I,			

HIV-IN-662	K43T, M46I, I54V, A71V, V82A	L10I, L24I, K43T, M46I, I54V, A71V, V82A	A62V, V75I, F77L, Q151M	A62V, V75I, F77L, Q151M
VIH-IN-665	L10V, G48V, **F53L,** I54V, V82A	L10V, G48V, I54V, V82A	K103N, T215Y	K103N, T215Y
HIV-IN-669	Nenhum	Nenhum	M41L, M184V, Y188L, T215Y	M41L, M184V, Y188L,T215Y
VIH-IN-670	A71T	A71T	A98G, M184V, G190A, P236L	A98G, M184V, G190A, P236L
HIV-IN-672	L10F	L10F	K65R, K103N, Y181C, M184V	K65R, K103N, Y181C, M184V
HIV-IN-675	I54V, A71V, N88D, L90M	I54V, A71V, N88D, L90M	K70R	K70R
HIV-IN-678	Nenhum	Nenhum	K65R, K103N, M184V, Y188L, M230L	K65R, K103N, M184V, Y188L, M230L
HIV-IN-679	Nenhum	Nenhum	M41L, K103N, M184V, T215Y, P225H	M41L, K103N, M184V, T215Y, P225H
HIV-IN-683	L10I	L10I	M41L, D67N, K70R, L74I, A98G, K103N,	M41L, D67N, K70R, L74I, A98G, K103N, M184V, T215F, K219Q,

			M184V, T215F, K219Q, P225H	P225H
VIH-IN-685	**<u>L10I,</u>** M46I, I50L, Q58E, V82C, L90M	M46I, I50L, Q58E, V82C, L90M	M41L, D67N, V75M, K103N, M184V, L210W, T215Y	M41L, D67N, V75M, K103N, M184V, L210W, T215Y
VIH-IN-688	Nenhum	Nenhum	V106M, G190A	V106M, G190A
HIV-IN-690	G48V, I54V, V82A	G48V, I54V, V82A	A98G, F116Y, Q151M, Y181C, M184V, G190A	A98G, F116Y, Q151M, Y181C, M184V, G190A
VIH-IN-694	Nenhum	Nenhum	Nenhum	Nenhum
VIH-IN-695	I54V, V82A	I54V, V82A	Y188L, H221Y	Y188L, H221Y

Nota: As mutações discordantes são apresentadas a negrito e sublinhadas.

Quadro 5.1.4: Resultados da sensibilidade do ensaio utilizando uma série de diluições de 5 amostras do painel de referência, cada uma testada em triplicado.

ID da amostra	**Sensibilidade a uma diluição (cópias/ml de ARN do VIH-1) de:**				
	100000	10000	5000	1000	500
HIV-IN-652	+ + +	+ + +	+ + +	+ + +	- + +
VIH-IN-655	+ + +	+ + +	+ + +	+ + +	+ + -
VIH-IN-665	+ + +	+ + +	+ + +	+ + +	- + -
HIV-IN-669	+ + +	+ + +	+ + +	+ + +	---
VIH-IN-670	+ + +	+ + +	+ + +	+ + +	+ - -

"+": Amplificação positiva; "-": Amplificação negativa.

Tabela 5.1.5: Dados de reprodutibilidade e precisão do ensaio interno.

ID da amostra	Carga viral plasmática (cópias/ml de ARN do VIH-1)	Subtipo de VIH-1	% Identidade da sequência nucleotídica	Replicar os testes: Número de mutações de resistência aos medicamentos					Replicar os testes: Número de mutações discordantes
				A	B	C	D	E	
Reprodutibilidade:									
HIV-IN-638	1680600	C	100.00±0.00%	3	3	3	3	3	0
HIV-IN-661	875600	C	99.81±0.15%	4	4	4	4	4	0
HIV-IN-662	165895	C	99.96±0.07%	11	11	11	11	11	0
VIH-IN-694	2100	A	99.76±0.18%	0	0	0	0	0	0
VIH-IN-695	1350	C	99.84±0.09%	4	4	4	4	4	0
Precisão:									
HIV-IN-642	2576440	C	99.68±0.16%	0	0	0	0	0	0
HIV-IN-652	1154880	C	99.89±0.08%	4	4	4	4	4	0
HIV-IN-675	46544	C	99.70±0.21%	5	5	5	5	5	0
HIV-IN-683	12540	A	100.00±0.00%	11	11	11	11	11	0
HIV-IN-690	2690	C	99.93±0.07%	9	9	9	9	9	0

Tabela 5.1.6: Comparação de tempo e custos entre o ViroSeq e o ensaio interno de genotipagem do VIH-1.

Processo	Etapa(s)	Tipo de ensaio: ViroSeq		Tipo de ensaio: Internamente	
		Tempo de trabalho	custo/ensaio ($)	Tempo de trabalho	custo/ensaio ($)
Preparação da amostra	Recolha de amostras e separação do plasma	45 min	1.0	45 min	1.0
Extração de ácido nucleico	Extração de ARN	3 h	250	1 h	7.0
Amplificação	RT-PCR numa só etapa	5 h 30 min		3 h 30 min	15.0
	PCR aninhada			2 h 30 min	5.0

Gel	Eletrofosrese em gel de agarose	45 min	2.0	45 min	2.0
Documentação Genotipagem	Purificação do produto de amplificação	1 h		1 h	5.0
	Sequenciação	2 h 30 min	30.0	2 h 30 min	30.0
	Purificação de amplicões de sequências	1 h 30 min	10.0	1 h 30 min	10.0
	Execução da amostra de sequenciação	2 h 30 min	10.0	2 h 30 min	10.0
Análise de sequências	Validação de dados sequenciais	30 min		30 min	
	Montagem da sequência	15 min		15 min	
	Interpretação e análise da qualidade	30 min		30 min	
Total		18 h 45 min	303.0	17 h 15 min	85.0

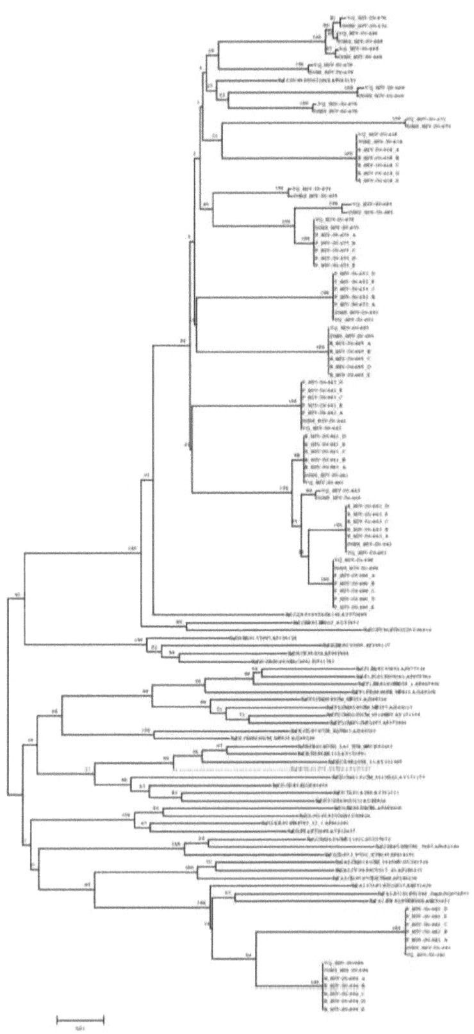

Figura 5.1.1: Árvore filogenética das amostras do painel de referência.

Análise filogenética de amostras do painel de referência que mostra a correlação exacta entre o ensaio interno e o sistema de genotipagem ViroSeq. A construção da árvore filogenética é descrita no texto. Todas as sequências de referência do subtipo do VIH-1 utilizadas para construir a árvore foram obtidas na base de dados de sequências do VIH do Los Alamos National Laboratory (http://www.hiv.lanl.gov/content/index). VQ_ ID da amostra: sequências geradas pelo ensaio ViroSeq; INHS_ ID da amostra: sequências geradas pelo ensaio de genotipagem interno; R_Sample ID_A a E representam o painel do estudo de reprodutibilidade, enquanto P_Sample ID_A a E representam o painel do estudo de precisão . As IDs das sequências de referência do subtipo do VIH-1 apresentadas na árvore estão pela seguinte ordem: subtipo.país de origem.número do isolado.número de acesso.

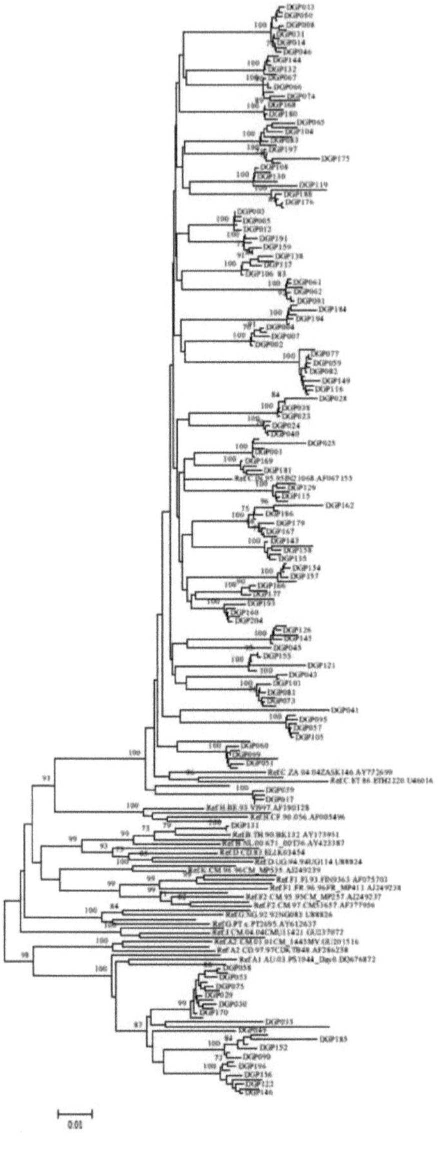

Figura 5.1.2: Árvore filogenética das amostras do painel clínico.

Análise filogenética de sequências obtidas a partir de amostras de painéis clínicos. A construção da árvore filogenética é descrita no texto. Todas as sequências de referência do subtipo do VIH-1 utilizadas para construir a árvore foram obtidas da base de dados de sequências do VIH do

Laboratório Nacional de Los Alamos (http://www.hiv.lanl.gov/content/index). As identificações das sequências de referência apresentadas na árvore estão na seguinte sequência: subtipo.país de origem.número do isolado.número de acesso.

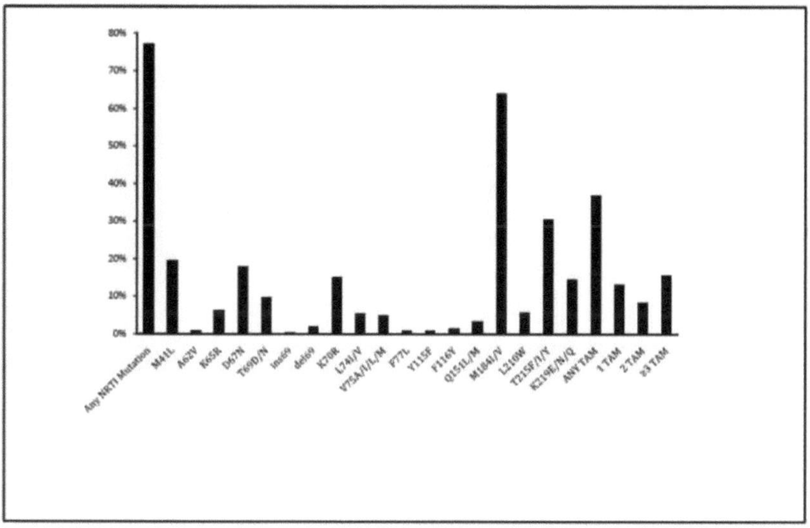

Figure 5.1.3A: NRTI Mutations.

Frequência das mutações de resistência aos medicamentos relacionadas com os inibidores nucleosídeos da transcriptase reversa em 206 doentes genotipados com êxito a partir do painel clínico que não recebeu terapêutica antirretroviral de 1.ª linha.

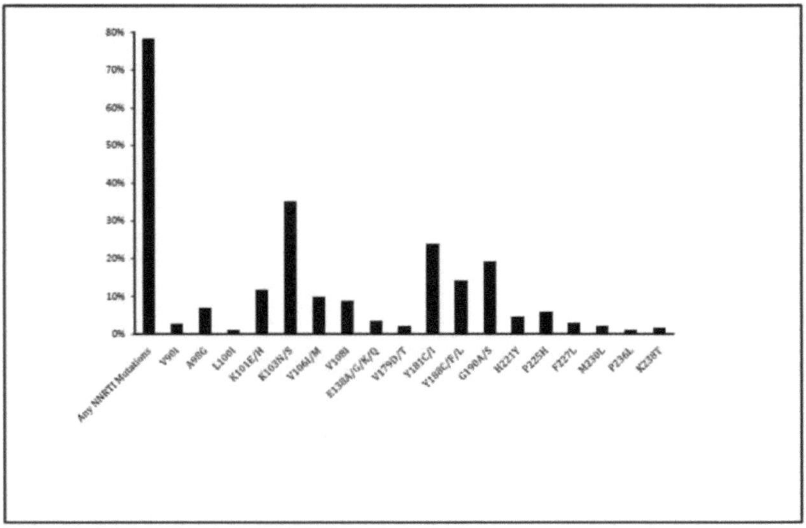

Figure 5.1.3B: NNRTI Mutations.

Frequência das mutações de resistência aos medicamentos relacionadas com os inibidores da transcriptase reversa não nucleósidos em 206 doentes genotipados com êxito a partir do painel clínico que não recebeu terapêutica antirretroviral de 1.ª linha.

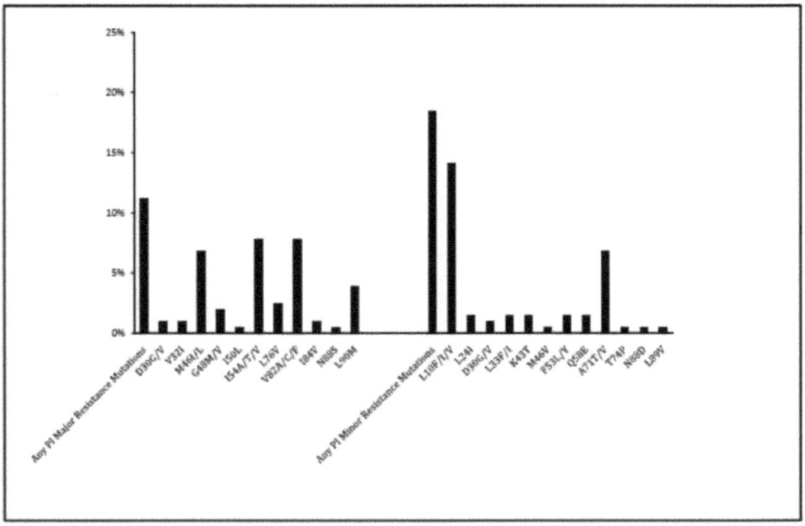

Figura 5.1.3C: Mutações PI.

Frequência das mutações de resistência aos medicamentos relacionadas com os inibidores da protease (incluindo mutações de resistência aos medicamentos PI major e PI minor) em 206 doentes com genotipagem bem sucedida do painel clínico que não conseguiram a terapia antirretroviral de 1ª linha.

5.2. Ensaio de extensão de iniciadores de base única utilizando o método de análise de fragmentos baseado na eletroforese capilar *(SNaPshot)* para a deteção rápida de mutações do VIH-1 relacionadas com a resistência do VIH-1 aos medicamentos

5.2.1. Introdução

Os primers de oligonucleótidos estendem-se na sua extremidade 3' quando recozidos a um modelo na presença de uma polimerase de ADN funcional, dNTPs e solução-tampão que proporcionam um ambiente adequado para a replicação do ADN (Fritz *et al.,* 1991). Esta propriedade básica constituiu a base de uma série de técnicas avançadas de análise de ADN/ARN.

Esta extensão do iniciador envolve um par de passos que incluem a hibridação de uma sonda ao modelo de forma a que a sua extremidade 3' seja posicionada uma base antes da mutação de base única alvo que se pretende interrogar. Segue-se uma reação enzimática semelhante à sequenciação de ADN fluorescente, em que todas as bases incorporadas são marcadas com diferentes corantes. A base que se incorpora contra a base do ponto quente é então identificada pela sua cor e a mutação decifrada por uma conclusão lógica (Syvanen 2001).

Esta tecnologia é versátil e pode identificar a maior parte dos polimorfismos de nucleótido único (SNP) em condições multiplexadas, o que torna o processo altamente flexível e adaptável. Escusado será dizer que o processo tem múltiplas aplicações que incluem a espetrometria de massa MALDI-TOF e métodos do tipo ELISA (Harbron e Rapley, 2004). A extensão do iniciador é capaz de genotipar a maioria dos SNP em condições de reação muito semelhantes, o que também o torna altamente flexível.

As mutações de base única no seu genoma são fundamentais para variar a suscetibilidade e o comportamento relacionado com a resistência do VIH-1 num hospedeiro. Por conseguinte, as tentativas de detetar eficazmente estas mutações são fundamentais para a identificação da resistência do VIH-1 aos medicamentos. Tal como é discutido em abundância noutras secções deste capítulo, essas mutações no genoma podem ser bem identificadas utilizando a tecnologia clássica de RT-PCR seguida de sequenciação de nucleótidos.

O comportamento do vírus VIH-1 no seu ambiente hospedeiro em relação aos medicamentos anti-retrovirais é essencialmente determinado por mutações de base única no seu genoma. Estas alterações genéticas resultam numa maior resistência aos medicamentos e, por conseguinte, a sua identificação atempada e eficaz é de extrema importância clínica na gestão do VIH-1. Neste capítulo, discuti em pormenor o processo clássico de determinação dessas mutações genéticas no genoma viral do VIH-1. Este processo envolve a amplificação da região-alvo por transcrição reversa seguida de PCR e, posteriormente, a sequenciação de nucleótidos da região amplificada para detetar as mutações que estão associadas a uma maior resistência e/ou suscetibilidade aos medicamentos.

Nesta secção, descrevo a utilidade da extensão de primers como plataforma tecnológica genérica na identificação de tais mutações no genoma do VIH-1. Este método tem potencial para demonstrar um tempo de execução mais rápido, uma qualidade superior dos dados e economia. Neste caso, efectuei o rastreio das mutações M41L e M184V no gene da transcriptase reversa através de um ensaio de extensão de primers multiplexado.

5.2.2. Material e métodos

5.2.2.1. População do estudo

Um subconjunto do painel clínico utilizado no estudo anterior foi utilizado como população de estudo para esta experiência. Setenta e cinco amostras de ARN com mutações conhecidas no gene RT do VIH-1, detectadas no estudo anterior, foram retiradas do painel clínico. As amostras foram cegadas por codificação antes da execução do ensaio. O estudo foi devidamente aprovado pelo laboratório de investigação clínica SN Gene, pelo comité institucional de bio-segurança e bio-ética (número de aprovação DGL/2014/SQT2104). Foi obtido o consentimento informado por escrito de todos os participantes inscritos neste programa.

5.2.2.2. Ensaio de extensão de primers multiplex

A análise de genotipagem da resistência aos medicamentos das amostras de referência e do painel clínico foi efectuada de acordo com o método descrito a seguir:

O ARN do VIH-1 foi utilizado numa etapa de PCR RT, seguida de uma PCR aninhada para gerar um amplicon de 1614 pb que abrangia todo o gene da protease e mais de 300 aminoácidos iniciais do gene da transcriptase reversa, tal como descrito na secção 5.1.2.5.

Os produtos de PCR gerados a partir da nested PCR foram purificados utilizando um kit de purificação de PCR da QIAGEN (QIAGEN, Alemanha), de acordo com o protocolo descrito na secção 3.2.5, e utilizados diretamente para o ensaio de extensão do iniciador.

Para esta experiência foram utilizados os seguintes iniciadores:

5'- AAA AAA AAA AAA AAA GCA TTA ACA GAA ATT TGT GAK GAA - 3' para a deteção de M41L e 5'- GACT GACT GACT GACT GACT GACT GACT GACT GACT GACT GACT GACT CTA CAT ACA ART CAT CCA - 3' para a deteção de M184V, respetivamente.

A composição do ensaio de extensão do iniciador (ensaio *SNaPshot* Multiplex) foi a seguinte:

Reagentes	**Volume (por amostra)**
Mistura de reação pronta para *SNaPshot* Multiplex	5,0 µl
Amplicon PCR	3,0 µl (0,4 pmol)

Primers agrupados	1,0 µl (0,2 µM cada)
Água sem nuclease	1,0 µl

Depois de misturar bem todos os reagentes, os tubos de PCR de 0,2 ml foram centrifugados brevemente para fazer descer todos os reagentes para o fundo do tubo e imediatamente colocados num termociclador para iniciar a reação.

A condição de ciclo térmico foi a seguinte:

Passos	**Temperatura**	**Tempo**	**Ciclos**
Desnaturação	96°C	10 segundos	25
Recozimento	50°C	05 seg	
Alongamento	60°C	30 segundos	
Manter	4°C	∞	1

5.2.2.3. Tratamento pós-extensão

No final da reação de termociclagem, foi adicionada uma unidade de fosfatase alcalina de camarão (SAP) ao tubo que continha a mistura de reação do ensaio *SNaPshot* Multiplex e o tubo foi incubado a 37°C durante 1 hora. A enzima foi então desactivada por incubação do tubo de reação a 75°C durante 15 minutos e imediatamente submetida a eletroforese.

5.2.2.4. Eletroforese do produto SNaPshot

Nove µl de formamida Hi-Di foram misturados com 0,5 µl de cada produto de extensão de primers *(SNaPshot)* e padrão de tamanho GeneScan-120 LIZ. As soluções foram bem misturadas e centrifugadas para as levar para o fundo do tubo. Em seguida, foram desnaturadas, colocando o tubo num termociclador durante 5 minutos a 95°C. No final da incubação, o tubo foi imediatamente transferido para um banho de gelo. Depois disso, o produto *SNaPshot* foi transferido para uma placa de 96 poços e carregado no analisador genético automatizado 3500 Dx para eletroforese capilar e executado de acordo com as especificações do instrumento.

5.2.3. Resultados

Entre os 75 doentes incluídos na população do estudo que estavam a falhar a HAART de 1ª linha, 18 (24,0%) doentes tinham M41L, 27 (36,0%) doentes tinham M184V e 15 (20,0%) doentes tinham ambas as mutações no gene da transcriptase reversa do VIH-1, conforme descrito na Figura 5.2.1. Verificou-se que estes resultados eram 100% concordantes com as mutações detectadas por genotipagem baseada na sequenciação do ADN, conforme descrito na secção anterior.

5.2.4. Discussão

Foram identificadas para este estudo setenta e cinco amostras de ARN de doentes positivos para o VIH-1 que foram analisadas previamente utilizando a tecnologia clássica de RT-PCR e de sequenciação de nucleótidos fluorescentes. As amostras foram cegadas para evitar enviesamentos analíticos e de processamento e, em seguida, foram submetidas a uma análise mais aprofundada.

Na tecnologia de extensão de primers, tecnicamente, são efectuadas três rondas de processo PCR, das quais as duas primeiras são semelhantes ao processo RT-PCR clássico.

É gerado um amplicon de PCR de 1624 pb a partir do ARN viral, que é armazenado a -80^{0}C. Este amplicon é idêntico ao utilizado no método de identificação da resistência do VIH-1 aos medicamentos baseado na sequenciação de nucleótidos fluorescentes por RT-PCR. É importante recordar que este troço de amplicon abrange todo o gene da protease do vírus e mais de 300 aminoácidos do gene da transcriptase reversa. É este trecho que constitui o ponto de acesso para a maioria das mutações do VIH-1 que conferem resistência a medicamentos anti-retrovirais clinicamente importantes.

Foram selecionadas duas mutações para interrogatório, a fim de estabelecer uma prova de conceito para a utilização desta tecnologia de extensão de primers para detetar a resistência do VIH-1 aos medicamentos no nosso estudo, utilizando a RT-PCR e a sequenciação de nucleótidos como padrão de ouro. Trata-se, respetivamente, de (a) M184V e (b) M41L.

A 2, 3-dideoxi-3-tiacitidina (3TC) é um dos medicamentos anti-retrovirais mais estudados para o tratamento do VIH devido ao seu elevado nível de superioridade clínica, biológica e terapêutica. A mutação M184V no genoma do VIH-1, localizada no gene da transcriptase reversa, está associada a uma maior resistência à 3TC. A literatura indica que esta mutação genética, que resulta na alteração de um resíduo de metionina na posição de aminoácido 184 para valina, foi utilizada para selecionar culturas virais em laboratório para resistência à didanosina (ddl) (Gu *et al.,* 1992). Verificou-se mais tarde que a mesma mutação confere um elevado nível de resistência genética ao medicamento 3TC (Boucher *et al.,* 1993; Gao *et al.,* 1993; Gao *et al.,* 1994; Go "tte *et al.,* 2002; Schinazi *et al.,* 1993; Tisdale *et al.,* 1993 & Wainberg *et al.,* 1999). Para além disso, verificou-se que esta mutação estava associada a quase todos os inibidores análogos de nucleósidos da transcrição (NRTI) (Harrigan *et al.,* 2000; Richard *et al.,* 2000 & Tisdale *et al.,* 1997).

Neste estudo, detectei 42/75 (56%) dos doentes com a mutação M184V. Isto inclui 27 doentes apenas com esta mutação e 15 em associação com a M41L. Os resultados foram concordantes com os gerados pelo padrão de ouro, *ou seja,* RT-PCR - tecnologia de sequenciação de nucleótidos.

A zidovudina é um medicamento antirretroviral histórico porque foi o primeiro a ser aprovado pela U.S. Food and Drug Administration para o tratamento do VIH/SIDA. É um inibidor nucleósido da transcriptase reversa (RT) (NRTI). Uma vez no organismo, o fármaco converte-se na sua forma de trifosfato por ação das cinases celulares e, nesta forma, compete com os trifosfatos naturais na corrida para ser incorporado pela transcriptase reversa do VIH. O resultado final é a formação de ADN viral nascente que já não é capaz de completar o ciclo de vida viral. A nível molecular, o AZT não tem o 3' OH crítico no seu açúcar ribose que impede a extensão da cadeia do ADN viral.

A M41L é uma mutação análoga à timidina ou TAM que se encontra frequentemente associada à T215Y. Ambas as mutações conferem um elevado nível de resistência aos medicamentos AZT e d4T e um nível moderado de resistência aos medicamentos ddI, ABC e TDF. No entanto, é interessante notar que os vírus com M41L + T215Y + M184V em conjunto apresentam um nível moderado de resistência ao AZT e ao d4T, mas um nível reduzido de resistência ao medicamento TDF (Brehm *et al.,* 2012).

O meu estudo indicou que, dos 75 doentes que constituíam a população de recurso para o nosso estudo *SNaPshot,* 18 tinham apenas a mutação M41L, enquanto 15 tinham esta mutação e a M184V. Este resultado estava em perfeita concordância com o padrão de ouro, *ou seja, o* método de RT-PCR e de sequenciação de nucleótidos.

Esta tecnologia de extensão de primers é flexível e passível de multiplexagem. Além disso, acredita-se que seja mais sensível em comparação com o método RT-PCR e de sequenciação direta. Apesar disso, os resultados do *SNaPshot* e do método de sequenciação direta são definitivamente comparáveis.

Jakobsen *et al.,* (2010) referiram que a ocorrência de mutações transmitidas de resistência aos medicamentos contra o VIH, ou TDR, em doentes que ainda não estão em tratamento é elevada quando se utiliza a plataforma snapshot para a deteção de mutações, em comparação com o método convencional de RT-PCR - sequenciação de nucleótidos. Este estudo levanta a perspetiva de desenvolver este método como um processo económico e eficiente nos próximos tempos. No entanto, demonstrámos este método pela primeira vez em isolados indianos de VIH-1 (subtipo C) utilizando M184V e M41L como mutações modelo.

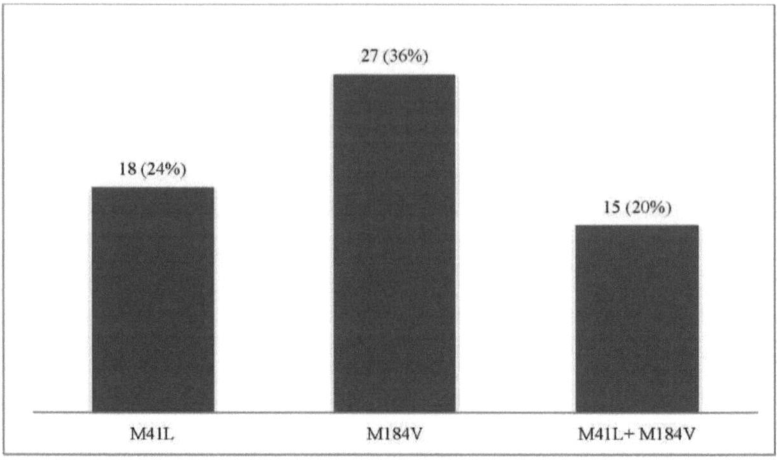

Figura 5.2.1: Frequência de M41L e M184V observada na população de recurso.

5.3. Genotipagem da integrase para determinar isolados de VIH-1 resistentes aos inibidores da integrase

5.3.1. Introdução

Em todos os cenários do ciclo de vida retroviral, a integração do genoma viral através do ADN proviral é um acontecimento obrigatório. Esta integração é essencial, pois proporciona à entidade viral o ambiente necessário para a expressão genética, para além de garantir a transmissão fiel do material genético viral às células recém-formadas resultantes da divisão celular através do processo de mitose.

Este fenómeno de integração do genoma viral no ADN do hospedeiro tem outras implicações clínicas. É a base da formação do reservatório viral que ajuda o agente patogénico a sobreviver apesar da montagem de um ataque antirretroviral muito forte através da HAART (Krishnan e Engelman, 1012).

Atualmente, é conhecida uma nova classe de medicamentos anti-retrovirais denominados inibidores da integrase ou inibidores da IN, que têm a capacidade de bloquear a atividade da enzima integrase do VIH-1 (Lataillade e Kozal, 2006 & Pommier *etal.*, 2005). Também neste caso, são conhecidas duas subclasses, uma que está envolvida no processamento da extremidade 3' no citoplasma (Bonnenfant *et al.*, 2004 & Pannecouque *et al.*, 2002) e outra que está associada à transferência das cadeias no núcleo (Espeseth *et al.*, 2000; Fikkert *et al.*, 2004; Goldgur *et al.*, 1999; Hazuda *et al.*, 2000 & Hindmarsh e Leis, 1999). No entanto, embora, em princípio, ambas as classes de fármacos sejam eficazes no bloqueio da atividade integrase do vírus VIH, verificou-se que a que transfere a cadeia de ADN para o núcleo possui propriedades anti-retrovirais superiores no sistema hospedeiro (DeJesus *et al.*, 2006; Hazuda *et al.*, 2004; Markowitz *et al.*, 2006 & Sato *et al.*, 2006).

Embora aparentemente o aparecimento destes inibidores da integrase tenha ocorrido numa altura em que vários medicamentos anti-retrovirais com diferentes modos de atividade foram aprovados para utilização num ambiente clínico, estes medicamentos são potencialmente valiosos. A razão é que permanecem activos e impedem a replicação viral num cenário em que outras classes de fármacos, como os inibidores nucleósidos da transcriptase reversa (NRTI), os inibidores não nucleósidos da transcriptase reversa (NNRTI), os inibidores da protease (PI) e os inibidores da integrase, não são funcionais. O medicamento Raltegravir (codificado como MK-0518) é um dos mais potentes inibidores da integrase que bloqueia a transferência de cadeias do VIH dentro do núcleo das células hospedeiras e tem-se revelado ativo em doentes em que outras classes de medicamentos falharam (Cooper *et al.*, 2007 & Teigbigel *et al.*, 2007). No entanto, nos últimos tempos, foi comunicada resistência ao Raltegravir (Eshleman *et al.*, 2009), o que levou à necessidade de desenvolver uma metodologia de sequenciação de nucleótidos baseada em RT-PCR que possa abordar eficazmente a previsão da resistência a este medicamento versátil em doentes infectados pelo VIH.

5.3.2. Material e métodos

5.3.2.1. População do estudo

Uma vez que os inibidores da integrase não são incorporados por rotina no regime terapêutico antirretroviral combinado na Índia, a população de recursos deste estudo abrangeu doentes elegíveis para HAART com base em inibidores da integrase, que estão atualmente a tomar TARV de 1ª linha há mais de 6 meses e que apresentam falha virológica. Foram colhidas amostras de plasma de 31 doentes VIH-1 positivos da Índia com falência virológica e elegíveis para terapia de recuperação com inibidores da integrase. As caraterísticas clínicas desta população de recursos estão descritas no Quadro 5.3.1. Os doentes foram inscritos durante o período de junho de 2013 e novembro de 2013. O estudo foi devidamente aprovado pela investigação clínica do laboratório SN Gene, pelo comité institucional de biossegurança e bioética (número de aprovação HIVINSL/2013/JDL-51). Foi obtido o consentimento informado por escrito de todos os participantes inscritos neste programa.

5.3.2.2. Colheita e armazenamento de amostras

Foram colhidos dez ml de sangue dos doentes em tubos de vacutainer com K_2-EDTA (Becton Dickinson, San Diego, Califórnia, EUA). Destes, 2-3 ml foram utilizados para a contagem de células T CD4+ e os restantes para a separação do plasma. As amostras de plasma foram armazenadas em alíquotas de 1 ml a -80^{0}C até utilização posterior.

5.3.2.3. Carga viral do VIH-1 e estimativa da contagem de células T CD4+

A carga viral dos participantes no estudo foi determinada utilizando o ensaio de deteção da carga viral do VIH-1 baseado na química SYBR Green, descrito no capítulo 4. As contagens de células T CD4 foram estimadas utilizando um citómetro de fluxo FACS CALIBUR (BD Biosciences,

Califórnia, EUA), de acordo com as instruções do fabricante.

5.3.2.4. Extração de ARN e genotipagem interna da resistência do VIH-1 aos medicamentos

A análise da mutação de resistência aos medicamentos associada aos inibidores da integrase foi efectuada de acordo com o método descrito abaixo:

O ARN do VIH-1 foi extraído de amostras de plasma armazenadas a -20^{0}C no prazo de 7 dias após a colheita, utilizando um mini-kit QIAamp Viral RNA (Qiagen, Alemanha) e submetido a uma PCR RT de um passo. Seguiu-se a PCR aninhada para gerar um amplicon de 1083 pb que abrangia todo o gene da integrase do VIH-1. Todos os iniciadores descritos neste estudo foram concebidos utilizando sequências do gene *pol* do VIH-1 registadas na Índia e disponíveis no NCBI GenBank. A descrição pormenorizada do procedimento de extração do ARN foi descrita na secção 4.2.2.

As amostras de ARN foram objeto de transcrição reversa e, em seguida, amplificadas utilizando o SuperScript III One-Step RT-PCR System (Life Technologies, Foster City, EUA). Cinquenta µl de uma mistura de reação composta por 25 µl de mistura de reação 2X, 2 µl de mistura de enzimas (SuperScript III RT e Platinum Taq), 20 µl de ARN e cada um dos primers (forward e reverse) a uma concentração final de 10 pmoles por reação, respetivamente. As sequências de iniciadores utilizadas na reação foram as seguintes 5'- TTGCAAGATTCAGGATCAGAAG - 3' (forward) e 5'- CTCTTTCTCCTGTTTGCAAC - 3' (reverse). A condição de termociclagem foi a seguinte:

Passos	Temperatura	Tempo	Ciclos
Transcrição inversa	50°C	30 min	1
Desnaturação	95°C	5 min	1
Desnaturação	95°C	30 segundos	35
Recozimento	55°C	30 segundos	
Alongamento	72°C	60 seg	
Alongamento final	72°C	5 min	1
Manter	4°C	OT	1

Para a PCR aninhada, utilizou-se como modelo 5 µl do produto da 1ª ronda de PCR. A mistura de reação foi constituída por 25 µl de 2X PCR Mix v.2.0 (TaKaRa-bio, CA, EUA), 10 pmoles de cada iniciador (forward e reverse) e água sem nuclease para perfazer o volume de 50 µl. As sequências de iniciadores utilizadas para a reação de PCR aninhada foram 5'- AGGGTCTAYCTGTCATGGGGTAC - 3' (forward) e 5'- CCTAATGGGATGTGTACTTCTG - 3' (reverse).

A condição de ciclo térmico foi a seguinte:

Passos	Temperatura	Tempo	Ciclos
Desnaturação inicial	95°C	5 min	1
Desnaturação	95°C	30 segundos	
Recozimento	56°C	30 segundos	35
Alongamento	72°C	1 min	
Alongamento final	72°C	5 min	1
Manter	4°C	∞	1

Os produtos de PCR gerados a partir da PCR aninhada foram corridos num gel de agarose a 1% (Promega Corporation, Madison, EUA), corados com brometo de etídio (0,5 μg/ml), visualizados sob uma fonte de UV (260 nm) e documentados utilizando um sistema automatizado de documentação em gel (BIORAD, EUA). Para o controlo de qualidade, foram utilizadas amostras de controlo negativas, pouco positivas e muito positivas em cada lote de reacções.

Os produtos PCR gerados a partir da nested PCR foram purificados utilizando o kit de purificação QIAGEN PCR (QIAGEN, Alemanha), de acordo com as instruções do fabricante. A descrição pormenorizada do método de purificação é apresentada na secção 3.2.5. O produto de amplificação da PCR purificado foi então sujeito a sequenciação de ADN de cadeia dupla utilizando 2 pares de iniciadores de sequenciação. As reacções de sequenciação foram realizadas utilizando o BigDye Terminator v3.1 Cycle Sequencing Kit (Applied Biosystems, EUA), de acordo com as instruções do fabricante, seguidas de eletroforese capilar realizada num analisador genético ABI PRISM 3500 Dx (Applied Biosystems, EUA). As sequências de nucleótidos dos iniciadores oligonucleotídicos utilizados para gerar dados de sequências bidireccionais, para além dos utilizados para a amplificação por PCR aninhada, foram 5'- TAGCAGGAAGRTGGCCAGT - 3' e 5'- CCATYTGTACTGCTGTYTTAA - 3', respetivamente. A metodologia pormenorizada utilizada para a sequenciação do ADN foi descrita na secção 3 .2.6.

Os dados brutos da sequência de nucleótidos gerados foram editados manualmente e reunidos numa única sequência contígua, arquivados e comparados com a sequência padrão da estirpe de referência do VIH-1 (HXB2) para obter os dados de variação de nucleótidos. Para determinar o subtipo do VIH-1 e obter o perfil de mutação da resistência do VIH-1 aos medicamentos, as sequências de nucleótidos editadas foram analisadas utilizando Stanford HIVDB (Liu *et al.*, 2006). Foram utilizados códigos de aminoácidos com uma única letra em todo o manuscrito, de acordo com a nomenclatura padrão da IUPAC.

5.3.2.5. Números de acesso da sequência nucleotídica

Os números de acesso GenBank das sequências geradas neste estudo são KP638742 - KP638772.

5.3.3. Resultados

O estudo inclui 31 doentes. A idade média da população do estudo era de 36 anos, dos quais 18 (58,06%) eram do sexo masculino e 13 (41,94%) do sexo feminino, respetivamente. A via de transmissão heterossexual foi a mais prevalente (18; 58,06%), seguida da bissexual (7; 22,58%) e dos HSH [homens que têm sexo com homens] (6; 19,35%). Todos os doentes estavam a tomar HAART de 1.ª linha há mais de seis meses e estavam a sofrer uma falha virológica durante a inscrição neste estudo. Vinte (64,51%) doentes estavam a tomar AZT, 3TC, EFV e 11 (35,49%) estavam a tomar a terapêutica combinada AZT, 3TC, NVP, respetivamente. A carga viral e a contagem de células T CD4+ das amostras dos doentes estão descritas no Quadro 5.3.2.

Todos os doentes eram portadores do subtipo C do VIH-1, conforme determinado pela REGA HIV-1 & 2 Automated Subtyping Tool (Versão 2.0) (Alcantara *et al.*, 2009 & de Oliveira *et al.*, 2005). Não foram detectadas mutações primárias no gene da integrase em nenhuma das amostras, que são responsáveis pela resistência às classes de inibidores da integrase dos medicamentos anti-retrovirais. No entanto, foi detectada uma mutação polimórfica acessória natural L74M em 2 (6,45%) doentes, *a saber,* SHIN_003 (KP638745) e SHIN_013 (KP638754), respetivamente.

5.3.4. Discussão

A população de recurso para este estudo era composta por 31 doentes infectados com VIH-1. Todos estes doentes estavam a receber tratamento HAART durante um período superior a 6 meses e estavam a sofrer uma falha virológica que indicava a necessidade de terapia de recuperação.

Um fator importante que sublinha esta pequena população de recursos é a faixa etária média dos doentes, que foi de ~36 anos. O insucesso dos medicamentos numa idade jovem ou média levanta o desafio de conseguir uma supressão a longo prazo da carga viral, especialmente para os doentes que estão destinados a precisar deles durante todo o período da vida (Castro *et al.*, 2011). Isto também fornece uma razão óptima e justificada para o desenvolvimento de novas estratégias de tratamento do VIH que devem envolver, para além da melhoria dos medicamentos, a identificação dos indivíduos que não respondem à TAR, a monitorização do seu regime de adesão e a simplificação da estratégia de TAR para facilitar a sua utilização e adoção.

Neste estudo, todas as 31 amostras geraram o amplicon PCR esperado e, além disso, foi também obtida uma sequência nucleotídica fiável de todas elas. As principais razões para tal são um iniciador de PCR robusto e uma condição de reação em formato de PCR aninhada, juntamente com uma carga viral adequada das amostras clínicas. Com exceção de 4, em que o número de cópias de ARN do VIH-1 se situava entre 3000 e 10 000 por ml de plasma, todas as outras amostras tinham um número de cópias de VIH-1 >10 000 cópias de ARN do VIH-1/ml de plasma. Este facto assegurou um modelo adequado para uma PCR bem sucedida.

Os vírus VIH que são resistentes ao medicamento Raltegravir apresentam sempre mutações no gene Integrase (IN), o que prova que, de facto, o produto do gene IN é o alvo deste medicamento.

As mutações no interior deste gene foram divididas em diferentes categorias. As mutações primárias são as que estão associadas a 3 vias independentes e mutuamente exclusivas (não sobrepostas). Estas são a N155H, as mutações Q148H/R/K e, menos frequentemente, as mutações Y143/R/C/H (Fransen *et al.*, 2009 & Cooper *et al*, 2008). Sabe-se que estas mutações afectam a atividade da integrase e, consequentemente, a replicação viral (Marinello *et al.*, 2008; Fransen *et al.*, 2009; Delelis *et al.*, 2009 & Delelis *et al*, 2010). No entanto, é de notar que algumas mutações da integrase estão associadas a mecanismos não relacionados com a integrase. Por exemplo, são conhecidas as mutações que alteram o processo de transcrição reversa que ocorre na fase primária da replicação viral do VIH (Tsurutani *et al.*, 2000).

Para além das mutações primárias acima mencionadas, também são conhecidas mutações acessórias polimórficas. Estas são V72I, L74M, E92Q, T97A, E138A/K, G140S/A, V151I, E157Q, G163R/K, D232N (Low *et al.*, 2009; Loizidou *et al.*, 2009; Malet *et al.*, 2008; Ceccherini-Silberstein *et al.*, 2009 & Sichtig *et al.*, 2009). Entre estas, exceto a E157Q que ocorre numa frequência média de 4-5%, todas as outras são menos frequentes (Low *et al.*, 2009). Estas mutações não têm qualquer papel na resistência aos medicamentos quando presentes isoladamente, mas reduzem a suscetibilidade dos inibidores da integrase quando coexistem com mutações primárias.

No nosso estudo, não detectámos quaisquer mutações importantes no gene IN na população de recurso. Este facto está de acordo com outros estudos semelhantes realizados noutras partes do mundo. Sabe-se que as principais mutações no domínio catalítico e nos locais activos alargados da integrase estão associadas a um elevado nível de resistência aos inibidores da transferência de cadeia, como o Raltegravir. No entanto, tais mutações são ainda menos frequentes na população naive aos inibidores da integrase, o que explica os excelentes resultados dos ensaios deste medicamento em doentes com VIH que necessitam de terapia de resgate (Lataillade *et al.*, 2007). No entanto, detectei a mutação L74M em 2 amostras (6,45%). Se presente isoladamente, esta substituição não tem qualquer papel na resistência aos fármacos, mas quando presente em combinação com mutações de resistência primária como a N155H, reduz a suscetibilidade dos inibidores da integrase (Kobayashi *et al.*, 2008 & Reuman *et al.*, 2010).

Esta observação, embora pequena, indica a tendência crescente do gene IN para adquirir mutações. É tentador prever que as principais mutações nos domínios catalíticos mais importantes deste gene estão possivelmente a um período de tempo de distância e à espera de serem detectadas quando a utilização em larga escala deste medicamento ocorrer em todo o mundo e mais estudos como este forem realizados em simultâneo.

Tabela 5.3.1: Perfil da população de recursos analisada neste estudo.

Variáveis	Resumo, n=31
Idade (anos), mediana (IQR)	36 (29-42)
Sexo, n (%):	
Masculino	18 (58.06%)
Feminino	13 (41.94%)
Contagem mediana de células CD4T, células/μL (IQR)	241 (169-291)
Carga viral mediana, log10 cópias/mL (IQR)	4.562 (4.00-5.04)
Exposição ao risco, n (%):	
Heterossexual (%)	18 (58.06%)
Bissexual (%)	7 (22.58%)
HSH (%)	6 (19.35%)
Outras co-infecções, n (%)	4 (12.90%)
Subtipos de VIH-1, n (%)	
Subtipo C	31 (100.0%)
Regime de tratamento:	
AZT, 3TC, EFV	20 (64.51%)
AZT, 3TC, NVP	11 (35.49%)

Tabela 5.3.2: Estado da infeção pelo VIH-1 nos doentes incluídos neste estudo.

ID da amostra	Idade (anos)	Género	Contagem de células T CD4, células/ul	Carga viral (cópias/ml)	Carga viral (log10 cópias/ml)
SHIN_001	36	M	178	10582	4.025
SHIN_002	31	M	265	4965	3.696
SHIN_003	29	F	98	142312	5.153
SHIN_004	41	M	322	5825	3.765
SHIN_005	28	F	241	142730	5.155
SHIN_006	54	M	208	45378	4.657
SHIN_007	32	M	139	52950	4.724

SHIN_008	22	F	185	36457	4.562
SHIN_009	37	M	146	124870	5.096
SHIN_010	45	F	193	51230	4.710
SHIN_011	28	M	228	18965	4.278
SHIN_012	52	M	302	8422	3.925
SHIN_013	46	M	352	6331	3.801
SHIN_014	30	F	188	74602	4.873
SHIN_015	37	F	247	26845	4.429
SHIN_016	47	M	280	11479	4.060
SHIN_017	40	F	346	2866	3.457
SHIN_018	41	M	161	82910	4.919
SHIN_019	26	F	262	18520	4.268
SHIN_020	31	M	139	146250	5.165
SHIN_021	28	F	241	97660	4.990
SHIN_022	33	F	320	63859	4.805
SHIN_023	56	M	381	7426	3.871
SHIN_024	39	M	251	147688	5.169
SHIN_025	42	M	86	2198250	6.342
SHIN_026	35	M	211	134820	5.130
SHIN_027	26	F	76	1486500	6.172
SHIN_028	27	M	372	7526	3.877
SHIN_029	34	F	126	32140	4.507
SHIN_030	39	M	253	22856	4.359
SHIN_031	47	F	369	9602	3.982

Capítulo 6

Estudo de genotipagem do VHC numa população indiana co-infetada com o VIH-1

6.1. Introdução

Nas duas últimas décadas, registou-se uma elevada taxa de mortalidade e morbilidade devido a doenças relacionadas com o fígado em doentes infectados pelo vírus da imunodeficiência humana-1 (VIH-1) e co-infectados com o vírus da hepatite C (VHC) (Rockstroh 2006 & Jones *et al.,* 2005). O risco sexual contribui para quase 86% do risco de infeção pelo VIH-1 na Índia, enquanto as outras vias de infeção são 2,4% através da utilização de drogas injectáveis, 2,0% através de transfusões de sangue, 3,6% através da transmissão pré-natal e 6,0% através de outras vias não especificadas (Correa *et al.*, 2006). Vale a pena notar que, embora a via de infeção do VHC seja semelhante à do VIH-1, a taxa de transmissão do VIH-1 por todas as vias não pode servir de dado substituto para a transmissão do VHC. O cenário mundial indica que a co-infeção VIH-1/HCV é tradicionalmente elevada em pessoas que consomem drogas injectáveis, mas, nos últimos tempos, a transmissão sexual, especialmente na categoria de pessoas MSM (homens que fazem sexo com homens), tem aumentado em número.

O sangue e os produtos sanguíneos são o único veículo comum de transmissão do VIH-1 e do VHC. No entanto, a infecciosidade do VHC é quase dez vezes superior à do VIH-1. Esta é a razão pela qual o VHC é encontrado em 50-70% dos hemofílicos VIH-1 positivos e em quase 50-70% dos utilizadores de drogas intravenosas VIH-1 positivos (Piroth *et al.,* 1998 & Tee *et al.,* 2008). No entanto, a transmissão sexual do VHC é comparativamente rara e esta é talvez a razão pela qual a co-infeção VHC e VIH-1 é baixa em doentes homossexuais (4-8%), embora existam excepções (Wu *et al.,* 2007 & Lu *et al.,* 2008).

Com a introdução de medicamentos de qualidade superior no horizonte do tratamento, a qualidade da gestão do VIH-1 aumentou substancialmente, o que se correlaciona positivamente com uma melhor qualidade de vida. No entanto, o cenário de co-infeção com o VHC trouxe um novo ângulo, com as doenças hepáticas a colocarem novos desafios todos os dias. Em contrapartida, o tratamento do VHC registou uma estagnação preocupante, continuando o interferão alfa peguilado (PegIFN) mais ribavirina (RBV; PegIFN/RBV) a ser o tratamento padrão para o VHC em doentes co-infectados com o VIH-1 e com maior risco de doenças hepáticas (Sulkowski 2013).

A infeção pelo VIH-1 modifica drasticamente o curso natural da progressão da doença pelo VHC, com um rápido avanço para a cirrose hepática e o carcinoma hepatocelular. Embora a taxa de sobrevivência global de um doente com VIH-1 co-infetado com VHC não diminua significativamente, a sua predisposição para doenças relacionadas com o fígado aumenta significativamente (Mocroft *et al.*, 2003 & Soto *et al.*, 1997). Foi observado que a progressão da cirrose hepática em doentes com VHC co-infectados com VIH-1 é quase três vezes mais rápida (Mocroft *et al.*, 2003; Soto *et al.*, 1997 & Vallet-Pichard *et al.*, 2006).

O genoma completo do VHC foi determinado por Choo *et al.*, no ano de 1991 (Choo *et al.*, 1991). Desde então, um grande número de diferentes isolados de HCV foi identificado e analisado em diferentes partes do mundo (Chen *et al.*, 1992; Delisse *et al.*, 1991; Enomoto *et al.*, 1990; Kato *et al.*, 1991; Li *et al.*, 1991 & Li *et al.*, 1991). A análise comparativa entre estas sequências revelou que a diferença entre as estirpes de HCV pode atingir os 35% (Okamoto *et al.*, 1992). Foi observada uma variação na sequência de nucleótidos em toda a extensão do genoma viral, com exceção das regiões 5' UTR e do núcleo altamente conservadas e da região hiper variável do envelope (E) (Kato *et al.*, 1990; Okamoto *et al.*, 1994; Okamoto *et al.*, 1992; Okamoto *et al.*, 1991; Sakamoto *et al.*, 1994 & Takamizawa *et al.*, 1991). Um estudo genético longo e sustentado revelou a necessidade de um método fiável de genotipagem do VHC como uma ferramenta importante para tomar decisões terapêuticas adequadas. Este método de genotipagem do VHC envolve normalmente a amplificação de uma secção do genoma viral após transcrição reversa, a sua sequenciação nucleotídica seguida de análise filogenética. Os alvos mais comuns do genoma do VHC para sequenciação são a NS5, o núcleo, a E1 e a 5' UTR (Zein 2000).

Os genótipos do VHC são marcadores epidemiológicos muito importantes e têm potencial para alterar a especificidade e a sensibilidade dos ensaios de diagnóstico. Embora as diferenças de genótipos na patogenicidade deste vírus ainda não sejam claras, os próprios dados de genotipagem, juntamente com outros marcadores como a carga viral do VHC, demonstraram ser úteis no tratamento da infeção crónica pelo VHC e também na identificação de candidatos que possam ser adequados para o tratamento à base de interferão. Os dados relacionados com a genotipagem do VHC são úteis para decidir a duração do tratamento. Por exemplo, os doentes infectados com o genótipo 1 do VHC, quando tratados com um tratamento de 48 semanas de interferão e ribavarina, conseguem uma remissão satisfatória (Zein 2000).

A maioria dos estudos relacionados com a co-infeção por VIH-1 e VHC foi realizada nos países ocidentais. No entanto, este estudo é de grande importância também nos países asiáticos, onde existe uma elevada taxa de prevalência do vírus da hepatite B e C (Hoffman e Thio 2007). Este estudo foi, portanto, realizado para estimar os genótipos do VHC em doentes co-infectados com o VIH-1 na parte ocidental da Índia.

6.2. Materiais e métodos

6.2.1. Conceção do estudo

O presente estudo foi realizado num laboratório de virologia molecular de referência na Índia para estimar a prevalência de diferentes genótipos de VHC entre pessoas co-infectadas com VIH-1 e VHC na Índia ocidental.

6.2.2. População do estudo

Um total de 890 doentes infectados com VIH-1 foram inscritos no estudo entre agosto de 2012 e janeiro de 2014. Este estudo foi aprovado pela investigação clínica do laboratório SN Gene, pelo comité institucional de bio-segurança e bio-ética (número de aprovação DHCL/2012/ZNK14). Foi obtido o consentimento informado por escrito de todos os doentes incluídos neste estudo.

6.2.3. Colheita de espécimes

Foram colhidos 10 ml de sangue de cada indivíduo em tubos de K2-EDTA (Becton Dickinson, San Diego, Califórnia, EUA) e o plasma foi separado nas 4 horas seguintes à colheita. As amostras de sangue foram centrifugadas a 1200 g durante 15 minutos para separação do plasma, e as amostras de plasma foram distribuídas em alíquotas de 1 ml e armazenadas num congelador a -80^{0}C até utilização posterior. Os pormenores do procedimento de separação do plasma são descritos na secção

4 .2.1.1.

6.2.4. Teste anti-HCV

Foi utilizado um teste de despistagem de anticorpos do VHC para o diagnóstico da infeção pelo VHC, utilizando um kit de imunoensaio enzimático do VHC de terceira geração (Abbott HCV EIA 2.0; EUA) que incluía antigénios recombinantes do VHC c100-3, HC-31 e HC-34. Após o rastreio inicial, as amostras positivas para anticorpos do VHC foram reanalisadas utilizando um kit Elisa anti-VHC de ^{quarta} geração v.4.0 (DIAsource ImmunoAssays; Bélgica), que incluía os antigénios recombinantes do VHC Core, NS3 e NS5, respetivamente, para confirmação da infeção pelo VHC.

6.2.5. Extração de ARN e estimativa da carga viral do VHC

O ARN foi extraído de todas as amostras de plasma positivas para anticorpos contra o VHC, armazenadas num congelador a -80^{0}C no prazo de 7 dias após a colheita, utilizando o mini-kit QIAamp Viral RNA, de acordo com as instruções do fabricante (Qiagen, Alemanha), e armazenado num congelador a -80^{0}C até nova utilização. Os pormenores do procedimento de extração de ARN são descritos na secção 4.2.2.

As amostras de ARN acima descritas foram testadas em triplicado para quantificação do ARN do VHC. A carga viral de cada amostra foi determinada utilizando um kit *artus* HCV RG RT-PCR (Qiagen, Alemanha), seguindo o procedimento operacional normalizado fornecido pelo fabricante.

6.2.6. Genotipagem do VHC

Todas as amostras co-infectadas com VIH-1/HCV com carga viral de HCV igual ou superior a 1000 lU/ml foram analisadas para deteção do genótipo do HCV. Para a genotipagem, foi utilizado um ensaio interno de genotipagem do VHC baseado em nested PCR, especificamente desenvolvido para este estudo. Inicialmente, o ARN extraído foi amplificado utilizando o SuperScript III One-Step RT-PCR System (Life Technologies, Foster City, EUA). A composição da mistura de reação foi a seguinte: Cinquenta pl de um volume de reação composto por 25 µl de mistura de reação 2X, 2 µl de mistura de enzimas (SuperScript III RT e Platinum Taq), 20 µl de RNA e cada um dos primers (forward e reverse) a uma concentração final de 10 pmoles por reação. As sequências de primers utilizadas na reação foram 5'- CACGCRGAAAGCGYCTAGCCAT - 3' (forward) e 5'- GCTCATGRTGCACGGTCTACGA - 3' (reverse). O perfil de termociclagem consistiu em 45 minutos de transcrição reversa a 45 °C, 5 minutos de aquecimento a 95 °C, seguidos de 35 ciclos de amplificação por PCR, cada um dos quais compreendendo 95 °C durante 30 segundos, 55 °C durante 30 segundos e 72 °C durante 30 segundos, e uma extensão final de 10 minutos a 72 °C.

Para a PCR aninhada, foram utilizados 5 µl do produto da 1st PCR como modelo. Cinquenta µl de mistura de reação incluíam 25 µl de 2X PCR Mix v.2.0 (TaKaRa-bio, CA, EUA), 10 pmoles de cada iniciador (forward e reverse) e água sem nuclease para perfazer o volume final desejado. O perfil de termociclagem consistiu numa desnaturação inicial de 5 minutos a 95°C, seguida de 35 ciclos de amplificação por PCR, cada um dos quais compreendendo 95°C durante 30 segundos, 55°C durante 30 segundos e 72°C durante 30 segundos, e uma extensão final de 5 minutos a 72°C. As sequências de iniciadores utilizadas na reação de PCR aninhada foram 5'- GAGTGTYGTRCAGCCTCCA - 3' (forward) e 5'- CCTATCAGGCAGTACCACA - 3' (reverse). Os produtos da PCR foram corridos num gel de agarose a 2% (Promega Corporation, Madison, EUA) com brometo de etídio (0,5 µg/ml). As imagens do gel foram documentadas utilizando um sistema de documentação de gel Bio Rad (BIORAD, EUA). Para o controlo de qualidade do ensaio, foram utilizadas amostras de controlo negativas, pouco positivas e muito positivas em cada lote de reação.

Os amplicões de PCR de 203 pb foram purificados utilizando o kit de purificação de PCR da QIAGEN (QIAGEN, Alemanha), de acordo com as instruções do fabricante, para remover reagentes e iniciadores de PCR não utilizados que possam interferir durante a reação de sequenciação do ADN. O procedimento pormenorizado é descrito na secção 3.2.5.

A sequência de ADN de cadeia dupla dos amplicões de PCR alvo foi gerada utilizando um par de iniciadores de sequenciação. A reação de sequenciação foi efectuada utilizando o BigDye Terminator v3.1 Cycle Sequencing Kit (Applied Biosystems, Califórnia; EUA), de acordo com as instruções do fabricante. A eletroforese capilar automatizada foi efectuada no analisador genético ABI PRISM® 3500 Dx (Applied Biosystems, Califórnia; EUA) utilizando o software de recolha de dados v.3.1. Os primers de sequenciação utilizados nas reacções foram os mesmos que os primers de PCR aninhados. O procedimento pormenorizado de sequenciação do ADN é descrito na secção 3.2.6.

Os dados da sequência foram editados manualmente e guardados no formato FASTA. Estes dados de sequência foram utilizados para a identificação do genótipo do VHC utilizando a ferramenta de genotipagem viral do NCBI (http://www.ncbi.nlm.nih.gov/projects/genotyping/formpage.cgi). Todas as sequências foram enviadas para o GenBank e os números de acesso que lhes foram atribuídos são descritos na secção 6.2.8.

6.2.7. Construção de árvores filogenéticas

As sequências de referência de todos os genótipos do VHC foram retiradas da base de dados de sequências do VHC (http://hcv.lanl.gov/content/sequence/HCV/ToolsOutline.html) fornecida pelo Los Alamos National Laboratory, gerido pela Universidade da Califórnia, EUA. As sequências de nucleótidos do presente estudo foram alinhadas com as sequências de referência utilizando a ferramenta ClustalW versão 2.0. (Larkin *et al.,* 2007). A análise filogenética foi realizada utilizando o software MEGA, versão 6 (Tamura *et al.,* 2013). A história evolutiva foi inferida utilizando o método de Máxima Verosimilhança baseado no modelo Tamura-Nei (Tamura e Nei 1993). A(s) árvore(s) inicial(is) para a pesquisa heurística foram obtidas automaticamente através da aplicação dos algoritmos Neighbor-Join e BioNJ a uma matriz de distâncias aos pares estimadas utilizando a abordagem de Máxima Verosimilhança Composta (MCL) e, em seguida, selecionando a topologia com um valor de verosimilhança logarítmica superior. A árvore é desenhada à escala, com comprimentos de ramo medidos no número de substituições por local. As análises evolutivas foram efectuadas em MEGA6 (Tamura *et al.*, 2013).

6.2.8. Números de acesso da sequência de nucleótidos

Os números de acesso NCBI GenBank de todas as sequências geradas no presente estudo são KP405941 - KP406134.

6.3. Resultados

Foram colhidas oitocentas e noventa amostras de plasma de pessoas seropositivas para o VIH-1. A idade média desta população de estudo era de 35 anos, dos quais 485 eram homens e 405 eram mulheres. Todas as amostras foram inicialmente analisadas para detetar a presença de anticorpos contra o HCV utilizando um kit de imunoensaio enzimático para o HCV de terceira geração (Abbott HCV EIA 2.0; EUA) e a presença de anticorpos contra o HCV foi confirmada utilizando um kit Elisa anti-HCV de ^{quarta} geração v.4.0 (DIAsource ImmunoAssays; Bélgica).

O anticorpo contra o VHC foi detectado em 267 amostras de plasma, das quais 142 (53,18%) eram do sexo masculino e 125 (46,82%) do sexo feminino. A distribuição dos factores de risco entre as pessoas co-infectadas com o VIH-1/HCV está descrita no Quadro 6.1. A maioria eram consumidores de drogas injectáveis (136; 50,94%), seguidos de homossexuais (48; 17,97%), bissexuais (34; 12,73%), heterossexuais (28; 10,49%) e antigos dadores de plasma pagos (21; 7,87%). A distribuição da infeção viral de acordo com os diferentes grupos etários entre as pessoas co-infectadas apenas com o VIH-1 e com o VIH-1/HCV está descrita na Figura 6.1. Em ambas as categorias de doença, o grupo etário dos 31-40 anos tem a maioria dos doentes (apenas VIH-1:184; co-infectados VIH-1/HCV: 88), ao passo que o rácio do número de doentes nestas duas categorias de doença é máximo no grupo etário dos 20-30 anos (apenas VIH-1:123; co-infectados VIH-1/HCV: 71; rácio: 0,58).

A concentração de ARN do VHC foi medida em todas as pessoas co-infectadas pelo VIH-1/VHC. Cento e noventa e quatro (72,66%) pessoas registaram 1000 UI/ml ou mais de ARN do VHC [Homem: 134 (69,07%); Mulher: 60 (30,93%)] e 73 (27,44%) pessoas tinham menos de 1000 UI/ml de ARN do VHC [Homem: 42 (57,53%); Mulher: 31 (42,47%)] nas suas amostras de plasma.

A genotipagem do VHC foi efectuada em todas as 194 pessoas co-infectadas pelo VIH-1/VHC com 1000 UI/ml ou mais de ARN do VHC no plasma. A prevalência dos diferentes genótipos do VHC está descrita num gráfico de pizza na Figura 6.2. O genótipo designado das sequências de teste alinhou-se como esperado com as sequências de nucleótidos padrão de genótipos conhecidos quando submetido a análise filogenética (Figura 6.3). 3a foi o mais prevalente e detectado em 72 pessoas, seguido de 3b, 1a, 1b, 3k, 4a, 6a, 2a e 6h detectados em 41, 31, 23, 17, 4, 3, 2 e 1 amostra, respetivamente. As amostras genótipo entre os diferentes grupos de risco são descritas no Quadro 6.2 e a distribuição do genótipo de acordo com a carga viral é descrita no Quadro 6.3.

6.4. Discussão

Em todo o mundo, registam-se cerca de 35 e 130 milhões de infecções crónicas por VIH-1 e VHC, respetivamente (http://www.who.int/mediacentre/factsheets/fs164/en/). A taxa de incidência do VIH-1 na Índia é razoavelmente elevada e infamemente rotulada como o país com a segunda maior população de VIH-1 do mundo (Jain *et al.,* 2009). Dado o facto de o VIH-1 e o VHC partilharem uma via comum de infeção, associada a uma diminuição da força imunitária global do hospedeiro, o VHC surgiu como uma co-infeção a ter em conta no mundo terapêutico. Quase 33% da mortalidade associada ao VIH-1 está de alguma forma relacionada com doenças do fígado (Reed e Rice 2000).

Neste estudo, foram detectados anticorpos contra o VHC em 267 das 890 amostras seropositivas para o VIH-1. Isto representa uma taxa de infeção de 30%, o que é elevado em comparação com os resultados semelhantes de Goyat e Singh (2014) (Goyat e Singh 2014), que comunicaram uma taxa de incidência de 7,5% de co-infeção VIH-1/HCV numa população de estudo de 200 pessoas. Noutro estudo semelhante realizado em Nova Deli, verificou-se que a taxa de prevalência da co-infeção VIH-1/HCV era de apenas 1,7% (Ahuja *et al.,* 2013). Contudo, a nível internacional, o cenário é diferente. Num estudo realizado no Irão, verificou-se que a taxa de co-infeção VIH-

1/HCV era de 72% (Bertolleti e Ghering 2006), ao passo que nos Estados Unidos da América e na Europa essa taxa variava entre 25-50% (Mohammad *et al.*, 2009).

É intrigante o facto de a taxa de co-infeção VIH-1/HCV ser muito mais elevada do que a do VIH-1/vírus da hepatite B (VHB) em todo o mundo. Por exemplo, enquanto os estudos indianos indicam que a taxa de infeção por VIH-1/VHB é de cerca de 4,5%, a nível internacional é de 6-14% nos Estados Unidos da América e na Europa (Mohammad *et al.*, 2009) e de 14,5% no Irão (Bertolleti e Ghering 2006). Uma das razões plausíveis é provavelmente a disponibilidade da vacina contra o VHB, ao contrário da vacina contra o VHC, que ainda não está disponível no mercado numa base comercial. Além disso, embora o modo de transmissão sexual do VHB seja menor em comparação com o VHC, este último é maioritariamente transmitido através do sangue. Tendo em conta o facto de vastas populações de pessoas infectadas pelo VIH-1 serem toxicodependentes que partilham agulhas de injeção comuns, é compreensível a elevada taxa de infeção pelo VIH-1/HCV. É de notar que, no presente estudo, encontrámos uma percentagem elevada de 50,94% da população do estudo co-infetada com VIH-1/HCV (136/267) que eram consumidores de drogas injectáveis, o que reforça ainda mais esta observação.

A análise da distribuição da mono e da co-infeção indicou que a maior parte da população do estudo pertencia ao grupo etário dos 31-40 anos. Jha *et al.*, (2010) (Jha *et al.*, 2010) comentaram que a mortalidade dos doentes com VIH-1 aumentava nos indivíduos com idades compreendidas entre os 25 e os 34 anos. Esta observação está em desacordo com a nossa, possivelmente devido a diretrizes de tratamento superiores seguidas nos indivíduos que provavelmente prolongaram a vida dos doentes de forma significativa.

Também se observou que a taxa de doenças relacionadas com o fígado em doentes co-infectados com VIH-1/VHC é mais elevada do que em doentes mono-infectados (Ahuja *et al.*, 2013). A eliminação do HCV do corpo do hospedeiro está ligada ao desenvolvimento de uma forte resposta específica ao vírus por parte das células T auxiliares. Estas células estão em muito menor número nos doentes com VIH-1. Por conseguinte, a persistência e o reaparecimento da viremia são elevados (Ahuja *et al.*, 2013) nestes casos de co-infeção, o que pode ser responsável pela elevada taxa de doenças hepáticas.

Jha *et al.*, no ano de 2010, referiram que a mortalidade dos doentes com VIH-1 aumentava na faixa etária dos 25-34 anos (Jha *et al.*, 2010). Este relatório é importante, uma vez que a população estudada era grande e abrangia 1,1 milhões de lares, o que representava mais de 1, 23.000 mortes devido ao VIH-1. No entanto, este estudo aparentemente não teve em consideração o ângulo das infecções oportunistas como causa potencial de morte. No nosso estudo, verificámos que o grupo etário dos 3140 anos registou o maior número de doentes com VIH-1, com um rácio de doentes com VHC:VIH-1 de 1:2,09. No entanto, este valor foi o mais baixo (1:1,73) no grupo etário dos 20-30 anos, o que significa que o maior número de doentes com VIH-1 co-infectados com VHC se encontrava neste grupo etário específico. Curiosamente, é esta categoria que representa a maior percentagem de mortalidade (Jha *et al.*, 2010), sendo provavelmente a co-infeção (VHC e/ou outros) uma das razões.

Os estudos mostram que os doentes com VIH-1 co-infectados com o VHC apresentam níveis elevados de ARN mediano do VHC no soro e no fígado, mas não se correlacionam diretamente com as contagens de CD4. Existe também uma fraca correlação entre o ARN do VHC hepático e a histologia, possivelmente porque o VHC não é diretamente citopático (Bonacini *et al.*, 1999). No nosso estudo, 72,66% (194/267) dos doentes co-infectados com VIH-1/HCV apresentavam um nível de ARN do VHC superior a 1000 UI/ml (Grupo 1), enquanto 27,44% (73/267) tinham este valor inferior a 1000 UI/ml (Grupo 2). Observámos que a população do grupo 1, composta por 69,07% de doentes do sexo masculino, apresentava um nível de ARN do VHC mais elevado do que as mulheres. Bakr *et al.* (2006), trabalhando numa população de estudo feminina infetada com VHC do Egito, referiram que existem fortes evidências que indicam uma tendência para uma maior taxa de eliminação do VHC nas mulheres em comparação com os homens (Bakr *et al.*, 2006). Noutro estudo realizado por Taye *et al.* (2014), foi referido que a prevalência do VHC era mais elevada nos homens (75%) na sua população de recurso (Taye *et al.*, 2014).

Existe uma variação significativa nos genótipos do VHC com base na sua distribuição geográfica. Entre todos os genótipos conhecidos atualmente, 1-3 são amplamente encontrados em todo o mundo (Dusheiko *et al.*, 2005; Takahashi *et al.*, 1993; Esfahani *et al.*, 2010; Nousbaum *et al.*, 1995 & Simmonds *et al.*, 1993). A América do Norte e do Sul, a Europa e a Austrália registam principalmente a prevalência do subtipo 1a (Rivas-Estilla *et al.*, 2008). Por outro lado, o genótipo 1b é encontrado principalmente na América do Norte e na Europa (Lopez-Labrador *et al.*, 1997), juntamente com algumas regiões específicas da Ásia. O genótipo 2 do VHC encontra-se sobretudo nos países desenvolvidos, embora com uma frequência menor do que a do genótipo 1 (Pouillot *et al.*, 2008). Este fenómeno de heterogeneidade genotípica do VHC também se observa na Índia, devido à vasta dimensão geográfica do país. Na parte norte do país, encontram-se os genótipos 1, 2 e 3, sendo o genótipo 3 o que domina a taxa de incidência. Por outro lado, a parte sul do país regista uma maior incidência do genótipo 1, seguido do 3 (Valliammai *et al.*, 1995; Chowdhury *et al.*, 2003 & Raghuraman *et al.*, 2003). Em linhas semelhantes, Christdas *et al.*, (2013) relataram a prevalência do genótipo 3 do VHC como sendo o genótipo mais predominante (63,85%), seguido do genótipo 1 (25,72%) na Índia (Christdas *et al.*, 2013). Outro estudo refere que o genótipo 4, observado principalmente no Egito e no Médio Oriente, e o genótipo 6, anteriormente observado apenas em países do Sudeste Asiático, estão agora também a ser registados na Índia (Raghuraman *etal.*, 2004 & Nguyen e Keeffe 2005).

O nosso estudo registou a maior prevalência do genótipo 3a do VHC, com uma taxa elevada de 37,1%, seguido do 3b e do 1a, com uma frequência de 21,1% e 16%, respetivamente. Esta observação está em consonância com outros estudos semelhantes efectuados na Índia. É importante notar que o genótipo 4 do VHC foi detectado na nossa população de estudo com uma frequência de 2,1%. O genótipo 6, encontrado principalmente na população do nordeste da Índia (Raghuraman *et al.*, 2004 & Raghuraman *et al.*, 2005), também foi detectado na nossa população de estudo com uma frequência de 1,5%. Não detectámos o genótipo 5 do VHC na nossa população de recurso. Este genótipo encontra-se sobretudo em França e na África do Sul e ainda não foi registado em nenhuma parte da Índia por nenhum outro grupo (Christdas *et al.*, 2013). A infeção com o genótipo 2 do VHC é rara e foi registada em apenas um caso no ano de 2004 por Christdas e colaboradores (Christdas *et al.*, 2013). Curiosamente, detectámos 2 casos deste genótipo (genótipo 2a do VHC; 1%) na nossa população de recurso.

O genótipo 6 do VHC restringe-se principalmente às regiões do Sul da China e do Sudeste Asiático e encontra-se por vezes na população migrante proveniente destas áreas. O genótipo tem 23 subtipos (a-w) (Thong *etal.*, 2014). Sadhukhan *etal.*, (2014) relataram o genótipo 6h do VHC com uma frequência de 0,42% na sua população de estudo (Sadhukhan *et al.*, 2014). Isto é semelhante ao nosso achado, em que relatámos 1 caso (0,5%) de infeção com este genótipo na nossa população de recursos.

A informação sobre o genótipo do VHC desempenha um papel importante na gestão terapêutica da doença e também na previsão do prognóstico da doença. Por exemplo, os doentes infectados com os genótipos 1 e 4 são os melhores candidatos para receber IFN e ribavirina durante um período de 48 semanas. Estes doentes apresentam uma resposta viral sustentada fraca, mesmo quando testados quase 24 semanas após o fim da terapêutica (Hadziyannis *et al.*, 2004). Por outro lado, os doentes com os genótipos 2 e 4 apresentam uma resposta muito melhor à terapêutica (Liang *et al.*, 2000). Esta variação fascinante na sequência do genoma do VHC e na resposta terapêutica não é apenas importante do ponto de vista do tratamento, mas também para os esforços de desenvolvimento de uma vacina bem sucedida contra este agente patogénico.

Recentemente, a US-FDA aprovou uma série de antivirais de ação direta para o tratamento da infeção crónica pelo VHC. Estes medicamentos têm uma melhor taxa de resposta e de mortalidade em comparação com a terapia tradicional baseada em PEG-IFN e RBF no tratamento de doentes co-infectados com VIH-1/VHC (Naggie *et al.*, 2014 & Sulkowski *et al.*, 2014). De acordo com a atual linha de orientação da US-FDA para o tratamento e os ensaios clínicos da terapia baseada em DAA, o genótipo do VHC do doente deve ser considerado, porque a duração e as dosagens destes medicamentos variam consoante o genótipo e os subtipos dentro de um determinado genótipo de um doente (Guidance for Industry Chronic Hepatitis C Virus Infection: Desenvolvimento de medicamentos antivirais de ação direta para tratamento: US-FDA; outubro de 2013). Em conclusão, a deteção do genótipo do VHC antes do início do tratamento em doentes infectados com VHC crónico , bem como em doentes co-infectados com VIH-1/VHC, é o padrão de tratamento atual. O ensaio rápido e robusto de genotipagem do VHC descrito neste estudo servirá como uma ferramenta valiosa para atingir este objetivo nos doentes indianos.

Tabela 6.1: Caraterísticas dos doentes da população em estudo.

Variáveis	Resumo
Idade (anos), mediana (IQR)	35 (26-47)
Sexo, n (%):	
Masculino	485 (54.49%)
Feminino	405 (45.51%)
Co-infeção VIH-1 e VHC, n (%):	
Masculino	142 (53.18%)
Feminino	125 (46.82%)
Utilizadores de drogas injectáveis (UDI)	136 (50.94%)
Heterossexuais	28 (10.49%)
Homossexuais	48 (17.97%)
Bissexuais	34 (12.73%)
Antigo dador de plasma pago (FPD)	21 (07.87%)

Tabela 6.2: Distribuição do genótipo do VHC de acordo com o grupo de risco da população dos recursos.

Distribuição dos genótipos do VHC	Utilizadores de drogas injectáveis (UDI)	Heterossexuais	Homossexuais	Bissexuais	Antigo dador de plasma pago (FPD)	Idade média	Género Masculino/Feminino
1a	18	7	4	1	1	32.7±11.3	23/8
1b	12	1	6	3	1	29.8±12.5	14/9
2a	2	0	0	0	0	30.3±10.8	1/1
3a	31	12	13	9	7	33.5±12.1	53/19

3b	11	8	11	7	4	31.1±10.2	28/13
3k	5	5	2	3	2	30.9±9.8	9/8
4a	3	0	0	1	0	32.7±12.8	3/1
6a	2	0	1	0	0	32.7±10.1	2/1
6h	1	0	0	0	0	35.8	1/0

Tabela 6.3: Distribuição dos genótipos do VHC de acordo com os dados de carga viral gerados a partir da população de recurso.

Distribuição dos genótipos do VHC	**Concentração de ARN do VHC (UI/ml)**			
	10^3 a 10^4	10^4a 10^5	10^5a 10^6	>10^6
1a	0	1	9	21
1b	0	0	5	16
2a	0	1	1	0
3a	4	22	39	7
3b	4	24	8	5
3k	1	11	2	3
4a	1	0	2	1
6a	0	2	0	1
6h	0	0	1	0

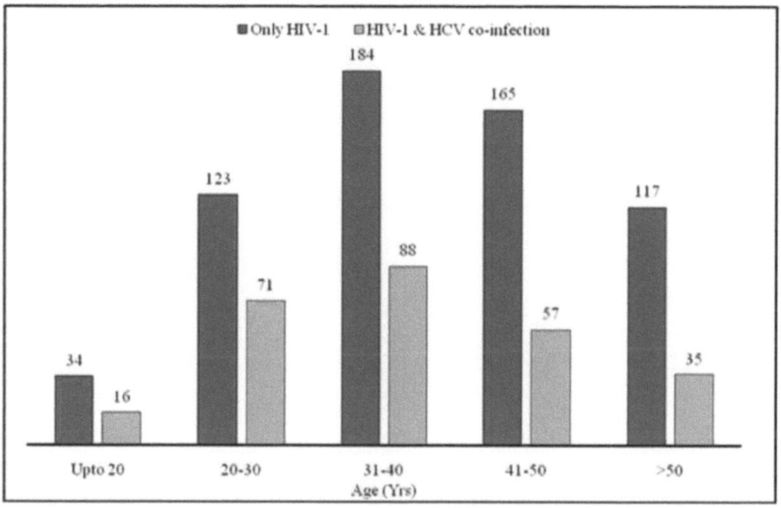

Figura 6.1: Proporção de co-infeção VIH-1/HCV na população dos recursos em função do grupo etário.

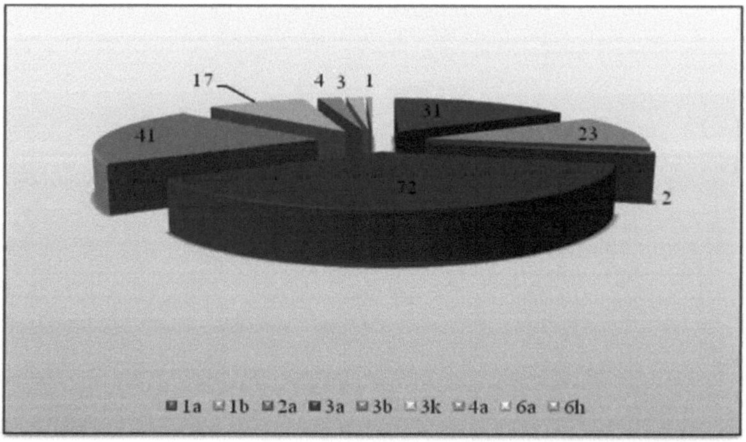

Figura 6.2: Distribuição do genótipo do VHC na população de recurso.

Figura 6.3: Árvore filogenética derivada da sequência do genoma específico do VHC da população de recurso e de sequências idênticas recuperadas do domínio público de isolados com genótipos conhecidos.

Resumo

1.0 Resumo

Em resumo, este trabalho de investigação abordou eficazmente os objectivos estabelecidos antes do início do programa. Através de uma investigação bem concebida, destinada a analisar assinaturas genómicas específicas da região, foram indicadas assinaturas nucleotídicas exclusivas dos isolados indianos do VIH-1. A utilização da sequência parcial do gene *p24*, onde foram detectados tais motivos, pode funcionar como ferramenta para a subtipagem e o agrupamento filogenético deste agente patogénico viral, com especial referência à sua localização geográfica.

O método de ensaio da carga viral do VIH-1 aqui descrito é robusto, fiável, económico e eficaz em contextos de recursos limitados como a Índia. As sondas PCR especialmente concebidas a partir de sequências de nucleótidos específicas do subtipo C do VIH-1 originárias da Índia conferiram especificidade a esses isolados e demonstraram resultados superiores quando comparadas com dois ensaios comerciais semelhantes amplamente utilizados na Índia.

Através de um estudo extensivo que abrangeu 206 sequências do gene HIV-1 *RT*, foi desenvolvido um método eficaz e económico de genotipagem da resistência do HIV-1 aos medicamentos. A avaliação deste ensaio no painel clínico demonstrou o seu potencial para monitorizar mutações clínicas de resistência aos medicamentos contra o VIH-1 e efetuar uma vigilância de base populacional em contextos de recursos limitados como a Índia. Além disso, foi também estudado um gene alvo diferente da região da protease-RT. As alterações genéticas nesta região conferem resistência ao grupo de medicamentos inibidores da integrase, que desempenham um papel crucial na terapia de recuperação. Foi utilizada uma tecnologia de extensão de primers modificada denominada "Snapshot", que utiliza dNTPs fluorescentes, para explorar a sua adequação à deteção de mutações genéticas importantes do VIH através de uma tecnologia de sequenciação económica e sem nucleótidos.

Tendo em conta o facto de o vírus da hepatite C ser uma das co-infecções mais significativas que acompanham a infeção pelo VIH-1, este estudo investigou efetivamente métodos que podem ajudar a identificar o genótipo deste vírus que ocorre em contextos clínicos. Esta caraterística tem potencial para influenciar as decisões terapêuticas e, por conseguinte, o meu trabalho é suscetível de acrescentar valor ao conjunto existente de ferramentas disponíveis para uma gestão inclusiva do VIH-1 que também inclui o VHC como uma infeção oportunista proeminente.

2.0 Perspectivas futuras do trabalho

Foi demonstrado que os isolados que estão estreitamente relacionados entre si têm perfis de sequência de nucleótidos semelhantes aos dos seus homólogos distantes. Os dados gerados neste estudo têm, portanto, potencial para estudar a relação entre diferentes isolados do VIH-1. Esta informação pode também desvendar diferentes facetas da história evolutiva do VIH-1, para além de abrir perspectivas de deteção de isolados específicos de regiões e de rastreio das suas viagens através de regiões geográficas, um acontecimento que é responsável pelo vasto estatuto epidémico obtido em todo o mundo por este notório agente patogénico viral.

A importância da determinação da carga viral do VIH-1 para a tomada de decisões terapêuticas adequadas na gestão do VIH-1 é agora um facto indiscutível. O método descrito neste estudo é eficaz e económico. Com o aumento do custo do tratamento e do diagnóstico nos tempos actuais, o método de deteção da carga viral do VIH-1 descrito neste trabalho pode ser adotado num contexto de recursos limitados, de modo a que um maior número de doentes possa utilizar esta tecnologia para ajudar os seus médicos a tomar decisões terapêuticas orientadas para o seu tratamento.

O principal objetivo da terapia antirretroviral no tratamento do VIH-1 é manter a carga viral baixa, inibindo o seu crescimento nos doentes, de modo a que a vida e a sua qualidade se tornem melhores e superiores. No entanto, as mutações genéticas no genoma do vírus, e isto a um ritmo muito rápido, provocam o fenómeno da resistência do VIH-1 aos medicamentos. A disponibilidade de tecnologia que permita identificar essas mutações para prever uma possível resistência aos medicamentos e, por sua vez, utilizar a informação para formular um regime de medicamentos com melhor desempenho é, por conseguinte, uma bênção para a fraternidade médica.

No entanto, o custo exorbitante dessa tecnologia, através de kits comerciais dispendiosos, proíbe a utilização extensiva desta tecnologia, que de outra forma seria muito boa, em doentes com VIH-1. Por conseguinte, este facto reduz o quociente de racionalidade da formulação do regime de medicamentos em caso de falha do medicamento. Neste contexto, uma tecnologia económica e eficiente de teste de resistência aos medicamentos contra o VIH que utilize métodos clássicos de sequenciação PCR-DNA e tecnologia não convencional de extensão de primers, como o *SNaPshot*, pode ajudar a adotar este processo de teste numa base mais regular. Desta forma, pode contribuir significativamente para a promoção de um tratamento superior dos doentes com VIH/SIDA que residem num contexto de recursos limitados como a Índia.

A infeção pelo VIH está associada a uma redução da força imunitária. Este fator, associado a uma via comum de infeção, faz do vírus da hepatite C uma das infecções oportunistas mais importantes e temidas nos doentes com VIH/SIDA. Por estas razões, um conhecimento sólido das variantes genéticas e dos genótipos do VHC prevalecentes no país é de importância primordial, de modo a que a sua resposta a diferentes terapias destinadas a combater o VIH-1 e o VHC possa ser bem compreendida e monitorizada. Além disso, tendo em conta o facto de os diferentes genótipos do VHC responderem de forma diferente às terapias medicamentosas, é igualmente importante desenvolver um processo de ensaio de genotipagem do VHC económico e robusto que possa ser adotado rapidamente e sem problemas nas condições prevalecentes em países como a Índia. Neste contexto, o presente estudo de genotipagem do VHC, tal como descrito neste trabalho de investigação, tem um grande potencial para ser utilizado na resolução dos casos de co-infeção VIH-1/VHC.

Em conclusão, todo o estudo se centra em alguns dos aspectos mais importantes e pertinentes da infeção e da pandemia de VIH, especialmente num contexto de recursos limitados como a Índia, e descreve soluções adaptáveis através da comunicação de métodos e processos para os abordar.

--x--

Referências

1. Abecasis A.B., Vandamme A.M., Lemey P. (2009) 'Quantifying differences in the tempo of human immunodeficiency virus type 1 subtype evolution'. *J Virol,* 83:12917-12924. doi: 10.1128/jvi.01022-09.

2. Abram M.E., Ferris A.L., Shao W., Alvord W.G., Hughes S.H. (2010) 'Nature, position, and frequency of mutations made in a single cycle of HIV-1 replication'. *J Virol,* 84(19): 9864-9878.

3. Accola M.A., Strack B., Gottlinger H.G. (2000) "Efficient particle production by minimal gag constucts which retain the carboxyterminal domain of human immunodeficiency virus type 1 capsid-p2 and a late assembly domain" [Produção eficiente de partículas por construções mínimas de gag que retêm o domínio carboxiterminal do capsídeo P2 do vírus da imunodeficiência humana tipo 1 e um domínio de montagem tardio]. *J. Virol.,* 74:5395-5402.

4. Acharya A., Vaniawala S., Parekh H., Nagee A., Misra R.N., *et al.* (2013) 'Distinct geographical clustering of HIV-1 and a signature amino acid at position 41 of the p24 unveiled by gag variability in India'. *Curr HIV Res,* 11(4): 295-303.

5. Aghokeng A.F., Mpoudi-Ngole E., Chia J.E., Edoul E.M., Delaporte E., *et al.* (2011) 'High failure rate of the ViroSeq HIV-1 genotyping system for drug resistance testing in Cameroon, a country with broad HIV-1 genetic diversity' [Elevada taxa de insucesso do sistema de genotipagem ViroSeq do VIH-1 para testes de resistência aos medicamentos nos Camarões, um país com uma ampla diversidade genética do VIH-1]. *J Clin Microbiol,* 49:16351641.

6. Ahuja S., Malhotra S., Chauhan A., Hans C. (2013) 'Seroprevalence of Hepatitis B and C CoInfection in HIV Positive Patients from a Tertiary Care Hospital'. *JIMSA,* 26(2):1-6.

7. Aitken S.C., Bronze M., Wallis C.L., Stuyver L., Steegen K., *et al.* (2013) "Uma abordagem pragmática à determinação da resistência do VIH-1 aos medicamentos em contextos de recursos limitados através da utilização de um novo ensaio de genotipagem que visa apenas a região codificadora da transcriptase reversa". *J Clin Microbiol,* 51:1757-1761.

8. Aitken S.C., Kliphuis A., Wallis C.L., Chu M.L., Fillekes Q., *et al.* (2012) "Desenvolvimento e avaliação de um ensaio para a genotipagem da resistência do VIH-1 à protease e à transcriptase reversa de todos os principais subtipos do grupo M". *J Clin Virol,* 54:21-25.

9. Alaeus A., Lidman K., Sonnerborg A., Albert J. (1997) 'Subtype specific problems with quantification of plasma HIV-1 RNA'. *AIDS,* 11:859-865.

10. Alcantara L.C.J., Cassol S., Libin P., Deforche K., Pybus O.G., Van Ranst M., Galvao- Castro B., Vandamme A.M., and de Oliveira T. (2009) 'A Standardized Framework for Accurate, High-throughput Genotyping of Recombinant and Non-recombinant Viral Sequences'. *Nucleic Acids Research,* 37:1-9.doi: 10.1093/nar/gkp455.

11.Aldous A.L., Haubrich R.H. (2009) "Defining treatment failure in resource-rich settings" [Definindo o fracasso do tratamento em contextos ricos em recursos]. *Curr Opin HIV AIDS,* 4:459-466.

12.Alter M.J. (1997) "Epidemiology of hepatitis C". *Hepatology,* 26:62S-65S.

13.Arion D., Kaushik N., McCormick S., Borkow G., Parniak M.A. (1998) "Mecanismo fenotípico de resistência do VIH-1 à 3'-azido-3'-desoxitimidina (azt): Aumento da processividade da polimerização e maior sensibilidade ao pirofosfato da transcriptase reversa viral mutante". *Biochemistry,* 37: 15908-15917.

14.Autran B., Carcelain G., Li T.S., Blanc C., Mathez D., *et al.* (1997) 'Positive effects of combined antiretroviral therapy on $CD4^+$ T cell homeostasis and function in advanced HIV disease'. *Science,* 277:112-116.

15.Bakr I., Rekacewicz C., EL Hosseiney M., Ismail S., EL Daly M., EL Kafrawy S., Esmat G., Hamid M.A., Mohamed M.K., Fontanet A. (2006) 'Higher clearance of hepatitis C virus infection in females compared with males'. *Gut,* 55:1183-1187.

16.Baltimore D. (1971) "Expression of animal virus genomes". *BacteriolRev.,* 35:235-241.

17.Barre-Sinoussi F., Chermann J-C., Rey F., Nugeyre M.T., Chamaret S., Gruest J., Dauguet C., Axler-Blin C., Brun-Vezinet F., Rouzioux C., Rozenbaum W., e Montagnier L. (1983) 'Isolation of a T-Lymphotropic retrovirus from a patient at risk for Acquired Immune Deficiency Syndrome (AIDS)'. *Science,* 20 de maio. 220(4599):868-871.

18.Baskar P.V., Ray S.C., Rao R., *et al.* (1994) "Presence in India of HIV type 1 similar to North American strains". *AIDS Res. Hum. Retrovir,* 10:1039-1041.

19.Benhamou Y., DeMartinio V., Bochet M., Colombet G., Thibault V., Liou A., Katlama C., Poynard T. (2001) "Factors affecting liver fibrosis in human immunodeficiency virus and hepatitis C virus coinfected patients: impact of protease inhibitor therapy". *Hepatology,* 34:283-287.

20.Bennett D.E., Bertagnolio S., Sutherland D., Gilks C.F. (2008) 'The World Health Organization's global strategy for prevention and assessment of HIV drug resistance'. *Antivir Ther,* 13(2):1-13.

21.Bennett D.E., Myatt M., Bertagnolio S., Sutherland D., Gilks C.F. (2008) 'Recommendations for surveillance of transmitted HIV drug resistance in countries scaling up antiretroviral treatment'. *Antivir Ther,* 13(2):25-36.

22.Benson D.A., Cavanaugh M., Clark K., Karsch-mizrachi I., Lipman D.J., Ostell J., Sayers E.W. (2013) 'GenBank'. *Nucleic Acids Res,* 41:D36-D42.

23.Bergeron M., Daneau G., Ding T., Sitoe N.E., Westerman L.E., *et al.* (2012) "Correção:

desempenho do sistema PointCare NOW para a contagem de CD4 em doentes com VIH com base em cinco avaliações independentes". *PLoS ONE,* 7(9).doi:10.1371/annotation/71a6d947-c034-4749-a33d-971284ea3408.

24.Berro R., Klasse P.J., Jakobsen M.R., Gorry P.R., Moore J.P., Sanders R.W. (2012) 'V3 determinants of HIV-1 escape from the CCR5 inhibitors Maraviroc and Vicriviroc'. *Virologia,* 427(2):158-165.

25.Bertagnolio S., Derdelinckx I., Parker M., Fitzgibbon J., Fleury H., *et al.* (2008) 'World Health Organization/HIVResNet drug resistance laboratory strategy'. *Antivir Ther,* 13(2):49 -57.

26.Bertoletti A., Ghering A.J. (2006) "The immune response during hepatitis B virus infection" [A resposta imunitária durante a infeção pelo vírus da hepatite B]. *J Gen Virology,* 87:1439-1449.

27.Beyrer C., Razak M.H., Lisam K., Chen J., Lui W. (2000) 'Overland heroin trafficking routes and HIV-1 spread in south and south-east Asia'. *AIDS,* 14:75-83.

28.Bica I., McGovern B., Dhar R., Stone D., McGowan K., Scheib R., Snydman D.R. (2001) 'Increasing mortality due to end-stage liver disease in patients with HIV infection'. *Clin Infect Dis,* 32:490-497.

29.Bieniasz P.D. (2006) "Late budding domains and host proteins in enveloped virus release". *Virologia,* 344(1):55-63.

30.Blackard J.T., Renjifo B., Fawzi W., Hertzmark E., Msamanga G., Mwakagile D., Hunter D., Spiegelman D., Sharghi N., Kagoma C., Essex M. (2001) "HIV-1 LTR subtype and perinatal transmission". *Virologia,* 287(2):261-265.

31.Boltz V.F., Zheng Y., Lockman S., Hong F., Halvas E.K., Mclntyre J., Currier J.S., Chibowa M.C., Kanyama C., Nair A., Owino-Ongor W., Hughes W., Coffin J.M., Mellors J.W. (2011) 'Role of low-frequency HIV-1 variants in failure of nevirapine- containing antiviral therapy in women previously exposed to single-dose nevirapine'. *Proc Natl Acad Sci USA,* 108(22):9202-9207.

32.Bonacini M., Govindarajan S., Blatt L.M., Schmid P. Conrad A., Lindsay K.L. (1999) 'Patients co-infected with human immunodeficiency virus and hepatitis C virus demonstrates higher levels of hepatic HCV RNA'. *J Viral Hepat.,* 6(3):203-208.

33.Bonard D., Rouet F., Toni T.A., Minga A., Huet C., Ekouevi D.K., Dabis F., Salamon R., Rouzioux C. (2003) 'Field evaluation of an improved assay using a heat-dissociated p24 antigen for adults mainly infected with HIV-1 CRF02 AG strains in C'ote d'Ivoire, West Africa'. *Journal of Acquired Immune Deficiency Syndromes,* 34(3):267-273.

34.Bonnenfant S., Thomas C.M., Vita C., Subra F., Deprez E., Zouhiri F., Desmaele D., D'Angelo J., Mouscadet J.F., Leh H. (2004) 'Styrylquinolines, integrase inhibitors acting prior to integration: a new mechanism of action for anti-integrase agents'. *J. Virol.,* 78:5728-5736

35.Boucher C.A.B., Cammack N., Schipper P., Schuurman R., Rouse P.L., Cameron J.M. (1993) "A resistência de alto nível à 2-desoxi-3-tiacitidina (3TC) enantiomérica in vitro é devida a uma substituição de aminoácidos no local catalítico da transcriptase reversa do vírus da imunodeficiência humana de tipo 1". *Antimicrob. Agents Chemother*, 37:2231-2234.

36.Boyer P.L., Sarafianos S.G., Arnold E., Hughes S.H. (2001) "Selective excision of AZTMP by drug-resistant human immunodeficiency virus reverse transcriptase". *J Virol,* 75:4832-4842.

37.Brehm J.H., Scott Y., Koontz D.L., Perry S., Hammer S., Katzenstein D., Mellors J.W., Sluis-Cremer N. (2012) "A monoterapia com zidovudina (AZT) seleciona a mutação A360V no domínio de ligação da transcriptase reversa do VIH-1. Equipa do Protocolo do Estudo 175 do Grupo de Ensaios Clínicos da SIDA". *PLoS One,* 7(2):e31558. doi: 10.1371/journal.pone.0031558.

38.Brumme C.J., Swenson L.C., Wynhoven B., YIP B., Skinner S., Lima V.D., Montaner J .S.G., Harrigan P.R. (2012) 'Technical and regulatory shortcomings of the TaqMan version 1 HIV viral load assay'. *PLoS One,* 7(8):e43882.doi: 10.1371/journal.pone.0043882.

39.Buonaguro L., Tagliamonte M., Tornesello M.L., Buonaguro F.M. (2005) "Avaliação de uma versão modificada do ensaio de mobilidade heteroduplex para o rastreio rápido de isolados de HIV-1 em epidemias caracterizadas pela predominância de clados mono/duplos". *J. Virol. Methods,* 124:123-134.

40.Bushman F.D., Fujiwara T., Craigie R. (1990) 'Retroviral DNA integration direted by HIV integration protein *in vitro' Science,* 249(4976):1555-1558.

41.Cassol S., Weniger B.G., Babu P.G., Salminen M.O., Zheng X., Htoon M.T., Delany A., O'Shaughnessy M., Ou C.Y. (1996) 'Detection of HIV type 1 env subtypes A, B, C, and E in Asia using dried blood spots: a new surveillance tool for molecular epidemiology'. *AIDS Res Hum Retroviruses,* 12:1435-1441.

42.Castro H., Judd A., Gibb D.M., Butler K., Lodwick R.K., *et al.* (2011) 'Risk of tripleclass virological failure in children with HIV: a retrospective cohort study'. *Lancet,* 377(9777):1580-1587. doi: 10.1016/s0140-6736(11)60208-0

43.Ceccherini-Silberstein F., Malet I., D'Arrigo R., Antinori A., Marcelin A.G., Perno C.F. (2009) 'Characterization and structural analysis of HIV-1 integrase conservation'. *AIDS Rev.,* 11:17-29.

44.Cham F., Heyndrickx L., Janssens W, *et al.* (2000) 'Study of HIV type 1 gag/env variability in The Gambia, using a multiplex DNA polymerase chain reaction'. *AIDS Res. Hum. Retrovir,* 16:1915-1919.

45.Chang M.W., Torbett B.E. (2011) 'Accessory mutations maintain stability in drugresistant HIV-1 protease'. *J. Mol. Biol.,* 410:756-760.

46.Chaturbhuj D.N., Nirmalkar A.P., Paranjape R.S., Tripathy S.P. (2014) 'Evaluation of a Cost

Effective In-House Method for HIV-1 Drug Resistance Genotyping Using Plasma Samples'. *PLoS ONE,* 9(2): e87441. doi:10.1371/journal.pone.0087441.

47.Chen P., Chen B.K., Mosoian A., *et al.* (2011) 'Virological synapses allows HIV-1 uptake and gene expression in renal tubular epithelial cells'. *J Am Soc Nephrol,* 22:496507.

48.Chen P.J., Lin M.H., Tai K.F., Liu P.C., Lin C.J., Chen D.S. (1992) 'The Taiwanese hepatitis C virus genome: sequence determination and mapping the 59 termini of viral genomic and antigenomic RNA'. *Virology,* 188:102-113.

49.Choo Q.L., Richman K.H., Han J.H., Berger K., Lee C., Dong C., Gallegos C., Coit D., Medina-Selby R., Barr P.J. (1991) 'Genetic organization and diversity of the hepatitis C virus'. *Proc. Natl. Acad. Sci. USA,* 88:2451-2455.

50.Chow W.H., McCloskey C., Tong Y., Hu L., You Q., Kelly C.P., Kong H., Tang Y.W., Tang W. (2008) "Application of isothermal helicase-dependent amplification with a disposable detection device in a simple sensitive stool test for toxigenic Clostridium difficile" [Aplicação de amplificação isotérmica dependente de helicase com um dispositivo de deteção descartável num teste de fezes simples e sensível para Clostridium difficile toxigénico]. *Journal of Molecular Diagnostics,* 10(5):452-458.

51.Chowdhury A., Santra A., Chaudhuri S., Dhali G.K., Chaudhuri S., Maity S.G., Naik T.N., Bhattacharya S.K., Mazumder D.N. (2003) "Hepatitis C virus infection in the general population: a community-based study in West Bengal, India". *Hepatology*, 37:802-809.

52.Christdas J., Sivakumar J., David J., Daniel H.D.J., Raghuraman S., Abraham P. 'Genotypes of hepatitis C virus in the Indian sub-continent: A decade long experience from tertiary care hospital in South India" [Uma década de experiência num hospital de cuidados terciários no Sul da Índia]. *Indian Journal of Medical Microbiology,* 31(4):349-353.

53.Coffin J., Haase A., Levy J.A., Montagnier L., Oroszlan S., Teich N., Temin H., Toyoshima K., Varmus H., Vogt P., Weiss R.A. (1986) "What to call the AIDS virus?". *Nature,* 321(6065):10.

54.Coffin J.M. (1995) "HIV population dynamics in vivo: implications for genetic variation, pathogenesis, and therapy". *Science,* 267(5197):483-489.

55.Cooper D., Gatell J., Rockstroh J., Katlama C., Yeni P., Lazzarin A., Chen J., Isaacs R., Teppler H., Nguyen B.Y. (2007) Para o Grupo de Estudo BENCHMRK-1. abstr. 105aLB. 14ª Conf. Retrovir. Opport. Infect.

56.Cooper D.A., Steigbigel R.T., Gatell J.M., Rockstroh J.K., Katlama C., Yeni P., Lazzarin, A., Clotet B., Kumar P.N., Eron J.E., Schechter M., Markowitz M., Loutfy M.R., Lennox J . L., Zhao J., Chen J., Ryan D.M., Rhodes R.R., Killar J.A., Gilde L.R., Strohmaier K . M., Meibohm A.R., Miller M.D., Hazuda D.J., Nessly M.L., DiNubile M.J., Isaacs R.D., Teppler H., Nguyen, B.Y. (2008) 'Subgroup and resistance analyses of raltegravir for resistant HIV-1 infection'. *N. Engl. J.*

Med., 359:355-365.

57.Correa M., Gisselquist D. (2006) 'Routes of HIV transmission in India: assessing the reliability of information from AIDS case surveillance'. *Int J STD AIDS,* 17(11):731-735.

58.Cribier B., Rey D., Schmitt C., Lang J.M., Kirn A., Stoll-Keller F. (1995) 'High hepatitis C viremia and impaired antibody response in patients coinfected with HIV'. *AIDS,* 9:1131-1136.

59.Dash P.K., Siddappa N.B., Mangaiarkarasi A., Mahendarkar A.V., Roshan P., Anand K .K., Mahadevan A., Satishchandra P., Shankar S.K., Prasad V.R., Ranga U. (2008) 'Exceptional molecular and coreceptor-requirement properties of molecular clones isolated from an human immunodeficiency virus type-1 subtype C infection'. *Retrovirologia,* 5:25. doi: 10.1186/1742-4690-5-25.

60.de Oliveira T., Deforche K., Cassol S., Salminem M., Paraskevis D., Seebregts C., Snoeck J., van Rensburg E.J., Wensing A.M.J., van de Vijver D.A., Boucher C.A., Camacho R., Vandamme A.M. (2005) 'An Automated Genotyping System for Analysis of HIV-1 and other Microbial Sequences'. (2005) *Bioinfomatics,* 21(19):3797-3800.

61.DeJesus E., Berger D., Markowitz M., Cohen C., Hawkins T., Ruane P., Elion R., Farthing C., Zhong L., Cheng A.K., McColl D., Kearney B.P. (2006) 'Antiviral activity, pharmacokinetics, and dose response of the HIV-1 integrase inhibitor GS-9137 (JTK-303) in treatment-naive and treatment-experienced patients'. *J. Acquir. Immune Defic. Syndr.*, 43:1-5.

62.Delelis O., Malet I., Na L., Tchertanov L., Calvez V., Marcelin A.G., Subra F., Deprez E., Mouscadet J.F. (2009) 'A mutação G140S nas integrases do VIH de doentes resistentes ao raltegravir resgata o defeito catalítico devido à mutação de resistência Q148H'. *Nucleic Acids Res.,* 37:1193-1201.

63.Delelis O., Thierry S., Subra F., Simon F., Malet I., Alloui C., Sayon S., Calvez V., Deprez E., Marcelin A.G., Tchertanov L., Mouscadet J.F. (2010) 'Impact of Y143 HIV-1 integrase mutations on resistance to raltegravir in vitro and in vivo'. *Antimicrob. Agents Chemother,* 54:491-501.

64.Delisse A.M., Descurieux M., Rutgers T., D'Hondt E., De Wilde M., Arima T., Barrera-Sala J.M., Ercilla M.G., Ruelle J.L., Cabezon T. (1991) "Sequence analysis of the putative structural genes of hepatitis C virus from Japanese and European origin". *J. Hepatol,* 13(4):S20-S23.

65.Delwart E.L., Herring B., Rodrigo A.G., Mullins J.I. (1995) "Genetic subtyping of human immunodeficiency virus using a heteroduplex mobility assay". *PCR Methods Appl.,* 4:S202-S216.

66.Deshpande A., Jauvin V., Magnin N., Pinson P., Faure M., *et al.* (2007) 'Mutações de resistência em isolados de VIH tipo 1 de subtipo C de doentes indianos de Mumbai que recebem NRTIs mais NNRTIs e que não conseguem completar o tratamento: Resistência à TARV". *AIDS Res Hum Retroviruses,* 23(2):335-340.

67.Deshpande A., Jauvin V., Pinson P., Jeannot A.C., Fleury H.J. (2009) ' Phylogenetic analysis of HIV-1 reverse transcriptase sequences from 382 patients recruited in JJ Hospital of Mumbai, India, between 2002 and 2008'. *AIDS Res Hum Retroviruses,* 25:633-635.

68.Dorfman T., Mammano F., Haseltine W.A., Gottlinger H.G. (1994) "Role of the matrix protein in the virion association of the human immunodeficiency virus type 1 envelope glycoprotein". *J. Virol.,* 68:1689-1696.

69.Drexler J.F., De Souza Luna L.K., Pedroso C., Pedral-Sampaio D.B., Queiroz A.T.L., Brites C., Netto E.M., Drosten C. (2007) 'Rates of and reasons for failure of commercial human immunodeficiency virus type 1 viral load assays in Brazil'. *J Clin Microbiol,* 45:2061-2063.

70.Duming J.R.G., Nelson M. (2005) 'HIV and hepatitis with co-infection'. *Int J Clin Pract,* 59:1082-1092.

71.Dusheiko G., Schmilovitz-Weiss H., Brown D., McOmish F., Yap P.L., Sherlock S., McIntyre N., Simmonds P. (2005) "Hepatitis C virus genotypes: An investigation of typespecific differences in geographic origin and disease" [Uma investigação de diferenças específicas de tipos na origem geográfica e na doença]. *Hepatology,* 19:13-18.

72.Engelman A., Bushman F.D., Craigie R. (1993) 'Identification of discrete functional domains of HIV-1 integrase and their organization within an active multimeric complex'. *EMBO J,* 12:3269-3275.

73.Enomoto N., Takada A., Nakao T., Date T. (1990) "Existem dois tipos principais de vírus da hepatite C no Japão". *Biochem. Biophys. Res. Commun.,* 170:1021-1025.

74.Esfahani S.H.Z., Kardi M.T., Edalati M. (2010) 'Hepatitis C virus genotype frequency in Isfahan province of Iran: a descriptive cross-sectional study'. *Virol J,* 7:69-75.

75.Eshleman S.H., Hudelson S.E., Smith P., *et al.* (2009) 'Analysis of pol Integrase Sequences in Diverse HIV Type 1 Strains Using a Prototype Genotyping Assay'. *AIDS Research and Human Retroviruses,* 25(3):343-345.doi: 10.1089/aid.2008.0236.

76.Espeseth A.S., Felock P., Wolfe A., Witmer M., Grobler J., Anthony N., Egbertson M., Melamed J.Y., Young S., Hamill T., Cole J. L., Hazuda D.J. (2000) 'HIV-1 integrase inhibitors that compete with the target DNA substrate define a unique strand transfer conformation for integrase'. *Proc. Natl. Acad. Sci. USA,* 97:11244-11249.

77.Esteves A., Parreira R., Venenno T., *etal.* (2002) 'Molecular epidemiology of HIV type 1 infection in Portugal: high prevalence of non-B subtypes'. *AIDS Res. Hum. Retrovir.,* 18:313-325.

78.Eyster M.E., Diamondstone L.S., Lien J.M., Ehmann W.C., Quan S., Goedert J.J. (1993) 'Natural history of hepatitis C virus infection in multitransfused hemophiliacs: effect of coinfection with human immunodeficiency virus-a multicenter hemophilia cohort study'. *JAcquir Immune Defic Syndr,* 6:602-610.

79.Eyster M.E., Fried M.W., Di Bisceglie A.M., Goeddert J.J. (1994) 'Increasing hepatitis C virus RNA levels in hemophiliacs: relationship to human immunodeficiency virus infection in liver disease'. *Blood,* 84:1020-1023.

80.Faal M., Naidoo N., Glencross D.K., Venter W.D.F., Osih R. (2011) 'Providing Immediate CD4 Count Results at HIV Testing Improves ART Initiation'. *J Acquir Immune Defic Syndr*, 58:e54-59.

81.Felsenstein J. (1985) "Confidence limits on phylogenies: An approach using the bootstrap". *Evolution,* 39:783-791.

82.Fibriani A., Farah N., Kusumadewi I., Pas S.D., Van Crevel R., Van Der Ven A., Boucher C.A., Schutten M. (2012) 'Low cost HIV-1 quantitative RT-PCR assay in resourcelimited settings: improvement and implementation'. *J Virol Methods,* 185(1):118-123.

83.Fikkert V., Hombrouck A., Van Remoortel B., De Maeyer M., Pannecouque C., De Clercq E., Debyser Z., Witvrouw M. (2004) 'Multiple mutations in human immunodeficiency virus-1 integrase confer resistance to the clinical trial drug S-1360'. *AIDS,* 18:2019-2028

84.Frank W. (1945) "Individual comparisons by ranking methods". *Biom Bull,* 1(6):80-83.

85.Fransen S., Gupta S., Danovich R., Hazuda D., Miller M., Witmer M., Petropoulos C.J., Huang W. (2009) 'Loss of raltegravir susceptibility by human immunodeficiency virus type 1 is conferred via multiple non overlapping genetic pathways'. *J. Virol.,* 83:1144011446.

86.Fransen S., Gupta S., Frantzell A., Petropoulos C., Huang W. (2009) 'HIV-1 mutations at positions 143, 148, and 155 of integrase define different genetic barriers to raltegravir resistance in vivo' (abstract#69). 16.ª Conferência sobre Retrovírus e Infecções Oportunistas; 8-11 de fevereiro, Montreal, Quebeque, Canadá; 2009.

87.Fritz J.D., Greaser M.L., Wolff J.A. (1991) 'A novel 3' extension technique using random primers in RNA-PCR'. *Nucleic Acids Research,* 19(13):3747.

88.Gadkari D.A., Moore D., Sheppard H.W., Kulkarni S.S., Mehendale S.M., Bollinger R.C. (1998) "Transmission of genetically diverse strains of HIV-1 in Pune, India". *Indian J Med Res.,* 107:1-9.

89.Gao W.Y., Cara A., Gallo R.C., Lori F. (1993) 'Low levels of deoxynucleotides in peripheral blood lymphocytes: a strategy to inhibit human immunodeficiency virus type 1 replication'. *Proc. Natl. Acad. Sci. USA,* 90:8925-8928.

90.Gao W.Y., Johns D.G., Mitsuya H. (1994) "Enzymatic assay for quantification of deoxynucleoside triphosphates in human cells exposed to antiretroviral 2,3- dideoxynucleosides". *Anal. Biochem,* 222:116-122.

91.Gao Y., Paxinos E., Galovich J., Troyer R., Baird H., Abreha M., Kityo C., Mugyenyi P.,

Petropoulos C., Arts E.J. (2004) 'Characterization of a subtype D human immunodeficiency virus type 1 isolate that was obtained from an untreated individual and that is highly resistant to nonnucleoside reverse transcriptase inhibitors'. *J Virol*, 78:5390-5401.

92.Gazzard B. (2005) 'British HIV Association (BHIVA) guidelines for the treatment of HIV-infected adults with antiretroviral therapy'. *HIV Med,* 6(2):1-61.

93.Geretti A.M. (2007) "Epidemiology of antiretroviral drug resistance in drug-naive persons" [Epidemiologia da resistência aos medicamentos anti-retrovirais em pessoas não tratadas]. *Curr Opin Infect* Dis, 20:22-32.

94.Gharu L., Ringe R., Pandey S., Paranjape R., Bhattacharya J. (2009) 'HIV-1 clade C env clones obtained from an Indian patient exhibiting expanded coreceptor tropism are presented with naturally occurring unusual amino acid substitutions in V3 loop'. *Virus Res.,* 144:306-314.

95.Gibellini D., Vitone F., Gori E., Placa M.L., Re M.C. (2004) "Quantitative detection of human immunodeficiency virus type 1 (HIV-1) viral load by SYBR green real-time RT- PCR technique in HIV-1 seropositive patients". *J Virol Methods,* 115(2):183-189.

96.Go "tte M., Spira S., Wainberg M.A. (2002) "Nucleoside inhibitors of HIV reverse transcriptase and the problem of drug resistance, p. 100-131". *Em The human immunodeficiency virus biology, immunology and therapy.* Princeton University Press, Princeton, N.J.

97.Godbole S., Mehendale S. (2005) 'HIV/AIDS epidemic in India: risk factors, risk behavior & strategies for prevention & control'. *Indian J Med Res.,* 121:356-368.

98.Goldgur Y., Craigie R., Cohen G.H., Fujiwara T., Yoshinaga T., Fujishita T., Sugimoto H., Endo T., Murai H., Davies D.R. (1999) 'Structure of the HIV-1 integrase catalytic domain complexed with an inhibitor: a platform for antiviral drug design'. *Proc. Natl. Acad. Sci. USA,* 96:13040-13043.

99.Goodman D.D., Zhou Y., Margot N.A., McColl D.J., Zhong L., Borroto-Esoda K., Miller M.D., Svarovskaia E.S. (2011) 'Low level of the K103N HIV-1 above a threshold is associated with virological failure in treatment-naive individuals undergoing efavirenz- containing therapy'. *AIDS,* (3):325-333.

100. Gottlieb M. S., Schroff R., Schanker H.M., *et al.* (1981) "Pneumonia por Pneumocystis carinii e candidíase das mucosas em homens homossexuais previamente saudáveis: provas de uma nova imunodeficiência celular adquirida". *The New England Journal of Medicine,* 305:14251431.

101. Goyat S., Singh G. (2014) "Prevalência da co-infeção dos vírus da hepatite B e da hepatite C em doentes seropositivos de um hospital de cuidados terciários no distrito de Patiala, no norte da Índia". *Journal of young Medical Researchers,* 1(2):1-4.DOI:http://dx.doi.org/10.7869/jymr.17.

102. Greengrass V., Plate M.M., Steele P.M., Taqi R., van Rooijen L., *et al.* (2007) 'HIV monitoring in laboratories in resource limited areas'. *J Chin Clin Med,* 2:469-480.

103. Greengrass V.L, Plat M.M., Steele P.M., Denholm J.T., Cherry C.L., Morris L.M., Hearps A., Crowe S.M. (2009) "Evaluation of the Cavidi ExaVir Load assay (version 3) for plasma human immunodeficiency virus type 1 load monitoring" [Avaliação do ensaio Cavidi ExaVir Load (versão 3) para a monitorização da carga plasmática do vírus da imunodeficiência humana de tipo 1]. *Journal of Clinical Microbiology,* 470(9):3011-3013.

104. Greub G., Ledergerber B., Battegay M., Grob P., Perrin L., Furrer H., Burgisser P., Erb P., Boggian K., Piffaretti J.C., Hirschel B., Janin P., Francioli P., Felpp M., Telenti A. (2000) 'Clinical progression, survival and immune recovery during antiretroviral therapy in patients with HIV-1 and hepatitis C virus coinfection'. *Lancet,* 356:1800-1805.

105. Gu Z., Gao Q., Li X., Parniak M.A., Wainberg M.A. (1992) "Novel mutation in the human immunodeficiency virus type 1 reverse transcriptase gene that encodes crossresistance to 2,3-dideoxyinosine and 2,3-dideoxycytidine". *J. Virol,* 66:7128-7135.

106. Orientações para a Indústria Infeção Crónica pelo Vírus da Hepatite C: Desenvolvimento de Medicamentos Antivirais de Ação Direta para Tratamento. Centro de Avaliação e Investigação de Medicamentos (CDER) da Administração de Alimentos e Medicamentos do Departamento de Saúde e Serviços Humanos dos EUA. outubro de 2013.

107. Gupta R.M., Prasad V.V.S.P., Rai A., Seth P. (2005) 'Analysis of HIV Type 1 Subtype C Full-Length gag Gene Sequences from India: Novel Observations and Plausible Implications" [Novas observações e implicações plausíveis]. *AIDS Research and Human Retroviruses,* 21(12):1066-1072.

108. Hadziyannis S.J., Sette H. Jr., Morgan T.R., Balan V., Diago M., Marcellin P., Ramadori G., Bodenheimer H. Jr., Bernstein D., Rizzetto M., Zeumzem S., Pockros P.J., Lin A., Ackrill A.M. (2004) 'Peginterferonalpha2a and ribavirin combination therapy in chronic hepatitis C: A randomized study of treatment duration and ribavirin dose" [Estudo aleatório da duração do tratamento e da dose de ribavirina]. *Ann Intern Med,* 140:346-355.

109. Hammer S.M., Eron J.J. Jr., Reiss P., Schooley R.T., Thompson M.A., *et al.* (2008) 'Antiretroviral treatment of adult HIV infection: 2008 recommendations of the International AIDS Society-USA panel'. *JAMA,* 300:555-570.

110. Harbron S., Rapley R. (2004) "Molecular analysis and genome discovery". *London: John Wiley & Sons Ltd.,* ISBN 0-471-49919-6.

111. Hare S., Vos A.M., Clayton R.F., Thuring J.W., Cummings M.D., Cherepanov P. (2010) 'Molecular mechanisms of retroviral integrase inhibition and the evolution of viral resistance'. *Proc Natl Acad Sci.,* 107:20057-20062.

112. Harrigan P. R., Stone C., Griffin P., Najera I., Bloor S., Kemp S., Tisdale M., Larder B. (2000) 'Resistance profile of the human immunodeficiency virus type 1 reverse transcriptase inhibitor abacavir (1592U89) after monotherapy and combination therapy. CNA 2001 Investigative Group". *J. Infect. Dis.,* 181:912-920.

113. Hazuda D.J., Felock P., Witmer M., Wolfe A., Stillmock K., Grobler J.A., Espeseth A., Gabryelski L., Schleif W., Blau C., Miller M.D. (2000) 'Inhibitors of strand transfer that prevent integration and inhibit HIV-1 replication in cells'. *Science,* 287:646-650.

114. Hazuda D.J., Miller M.D., Nguyen B.Y., Zhao J. (2007) 'Resistance to the HIV-integrase inhibitor raltegravir: analysis of protocol 005, a phase 2 study in patients with triple-class resistant HIV-1 infection (abstract #8)'. XVI International HIV Drug Resistance Workshop, 12-16 de junho; Los Barbados, Índias Ocidentais; 2007.

115. Hazuda D.J., Young S.D., Guare J.P., Anthony N.J., Gomez R.P., Wai J.S., Vacca J.P., Handt L., Motzel S.L., Klein H.J., Dornadula G., Danovich R.M., Witmer M.V., Wilson K.A., Tussey L., Schleif W.A., Gabryelski L.S, Jin L., Miller M.D., Casimiro D.R., Emini E.A., Shiver J.W. (2004) 'Integrase inhibitors and cellular immunity suppress retroviral replication in rhesus macaques'. *Science,* 305:528-532.

116. Heyndrickx L., Janssens W., Zekeng L., *etal.* (2000) "Estratégia simplificada para a deteção de isolados do grupo M do vírus da imunodeficiência humana tipo 1 recombinante através do ensaio de mobilidade gag/env heteroduplex ". *J. Virol.,* 74:363-370.

117. Hiebenthal-Millow K., Greenough T.C., Bretttler D.B., Schindler M., Wildum S., Sullivan J.L., Kirchhoff F. (2003) 'Alterations in HIV-1 LTR promoter activity during AIDS progression'. *Virologia,* 317:109-118.

118. Hindmarsh, P., Leis J. (1999) "Retroviral DNA integration". *Microbiol. Mol. Biol Rev.,* 63:836-843.

119. Hirsch M.S., Gunthard H.F., Schapiro J.M., Vezinet F.B., Clotet B., Hammer S.M., Johnson V.A., Kuritzkes D.R., Mellors J.W., Pillay D., Yeni P.G., Jacobsen D.M., Richman D.D. (2008) "Antiretroviral drug resistance testing in adult HIV-1 infection: 2008 recommendations of an International AIDS Society-USA panel" [Teste de resistência aos medicamentos anti-retrovirais na infeção pelo VIH-1 em adultos: recomendações de 2008 de um painel da Sociedade Internacional da SIDA-EUA]. *Clin Infect Dis,* 47(2):266-285.

120. Hoffmann C.J., .Thio CL. (2007) 'Clinical implications of HIV and hepatitis B coinfection in Asia and Africa'. *Lancet Infect Dis,* 6:402-409.

121. Hogg R.S., Bangsberg D.R., Lima V.D., Alexander C., Bonner S., Yip B., Wood E., Dong W.W., Montaner J.S., Harrigan P.R. (2006) 'Emergence of drug resistance is associated with an increased risk of death among patients first starting HAART'. *PLoS Med,* 3(9):e356.doi:

10.1371/journal.pmed. 0030356.

122. Holguin A., Lopez M., Molinero M., Soriano V. (2008) 'Performance of three commercial viral load assays, versant human immunodeficiency virus type 1 (HIV-1) RNA bDNA v3.0, cobas AmpliPrep/cobas TaqMan HIV-1, and NucliSens HIV-1 EasyQ v1.2, testing HIV-1 non-B subtypes and recombinant variants'. *J Clin Microbiol*, 46:2918-2923.

123. Holodniy M., Rainen L., Herman S., Yen-Lieberman B. (2000) 'Stability of plasma human immunodeficiency virus load in VACUTAINER PPT plasma preparation tubes during overnight shipment'. *J Clin Microbiol,* 38(1):323-326.

124. Hu W.S., Temin H.M. (1990) 'Genetic consequences of packaging two RNA genomes in one retroviral particle: pseudodiploidy and high rate of genetic recombination'. *Proc Natl Acad Sci USA,* 7(4):1556-1560.

125. Huff J.R., Kahn J. (2001) 'Discovery and clinical development of HIV-1 protease inhibitors'. *Adv. Protein Chem,* 56:213-251.

126. Hymes K.B., Greene J.B., Marcus A., *et al.* (1981) 'Kaposi's sarcoma in homosexual men: A report of eight cases". *Lancet,* 2:598-600.

127. Jain M., Chakarvati A., Verma V., Bhalla P. (2009) "Seroprevalence of hepatitis virus in patients infected with human immunodeficiency virus" [Seroprevalência do vírus da hepatite em doentes infectados com o vírus da imunodeficiência humana]. *Indian J Pathol Microbiol,* 52:1719.

128. Jakobsen M.R., Tolstrup M., Sogaard O.S., Jorgensen L.B., Gorry P.R., Laursen A., Ostergaard L. (2010) 'Transmission of HIV-1 drug-resistant variants: prevalence and effect on treatment outcome'. *Clin Infect Dis.,* 50(4):566-573.

129. Jameel S., Zafrulla M., Ahmad M., Kapoor G.S., Sehgal S. (1995) 'A genetic analysis of HIV-1 from Punjab, India reveals the presence of multiple variants'. *AIDS,* 9:685-690.

130. Jani I.V., Sitoe N.E., Alfai E.R., Chongo P.L., Quevedo J.I., Rocha M.B., Lehe J.D., Pete T.F. (2011) 'Effect of point-of-care CD4 cell count tests on retention of patients and rates of antiretroviral therapy initiation in primary health clinics: an observational cohort study'. *Lancet,* 378:1572-1579.

131. Jani I.V., Sitoe N.E., Chongo P.L., Alfai E.R., Quevedo J.I., *et al.* (2011) 'Accurate CD4 T-cell enumeration and antiretroviral drug toxicity monitoring in primary healthcare clinics using point-of-care testing'. *AIDS,* 25:807- 812.

132. Jeang K.T., Xiao H., Rich E.A. (1999) 'Multifacted activities of the HIV-1 transactivator of transcription, Tat'. *J Biol Chem,* 274:28837-28840.

133. Jha P., Kumar R., Khera A., Bhattacharya M., Arora P., Gajalakshmi V., Bhatia P., Kam

D., Bassani D.G., Sullivan A., Suraweera W., McLaughlin C., Dhingra N., Nagelkerke N. (2010) 'HIV mortality and infection in India: estimates from nationally representative mortality survey of 1.1 million homes'. *BMJ,* 340:c621.doi: 10.1136/bmj.c621.

134. Johnson J.A., Li J.F., Wei X., Lipscomb J., Irlbeck D., Craig C., Smith A., Bennett D.E., Monsour M., Sandstorm P., Lanier E.R., Heneine W. (2008) 'Minority HIV-1 drug resistance mutations are present in antiretroviral treatment naive populations and associate with reduced treatment efficacy'. *PLoS Med,* 5(7):e158.doi:10.1371/journal.pmed.0050158.

135. Johnson V.A., Calvez V., Gunthard H.F., Paredes R., Pillay D., *et al.* (2013) 'Update of the drug resistance mutations in HIV-1: March 2013'. *Top Antivir Med,* 21(1):6 -14.

136. Jones J.L., Hanson D.L., Dworkin M.S., *et al.* (1999; 16 de abril) 'Surveillance for AIDS-defining opportunistic illnesses, 1992-1997'. *In: Surveillance Summaries,* 48:(No. SS- 2).

137. Kandathil A.J., Ramalingam S., Kannangai R., David S., Sridharan G. (2005) ' Molecular epidemiology of HIV'. *Indian J Med Res,* 121:333-344.

138. Kato N., Hijikata M., Ootsuyama Y., Nakagawa M., Ohkoshi S., Sugimura T., Shimotohno K. (1990) 'Molecular cloning of the human hepatitis C virus genome from Japanese patients with non-A, non-B hepatitis'. *Proc. Natl. Acad. Sci. USA,* 87:95249528.

139. Kato N.Y., Ootsuyama Y., Ohkoshi S., Nakazawa T., Mori S., Hujikata M., Shimotohno K. (1991) 'Distribution of plural HCV types in Japan'. *Biochem. Biophys. Res. Commun.,* 181:279-285.

140. Knudtson K.L., Adams P.S., Grove D.S., Hollingshead D.J., Hunter T.C., Shipley G.L. (2007) 'The ABRF NARG real-time PCR survey 2007'. Taking the pulse of the quantitative PCR field.

141. Kobayashi M., Nakahara K., Seki T., Miki S., Kawauchi S., Suyama A., *et al.* (2008) "Selection of diverse and clinically relevant integrase inhibitor-resistant human immunodeficiency virus type 1 mutants". *Antiviral Res,* 80(2):213-222.

142. Kohl N.E., Emini E.A., Schleif W.A., Davis L.J., Heimbach J.C., Dixon R.A., Scolnick E.M., Sigal I.S. (1988) 'Active human immunodeficiency virus protease is required for viral infectivity'. *Proc. Natl. Acad. Sci. USA,* 85:4686-4690.

143. Kondru R., Zhang J., Ji C., Mirzadegan T., Rotstein D., Sankuratri S., Dioszegi M. (2008) 'Molecular interactions of CCR5 with major classes of small-molecule anti-HIV CCR5 antagonists'. *Mol Pharmacol,* 73:789-800.

144. Korn K., Weissbrich B., Henke-Gendo C., Heim A., Jauer C.M., Taylor N., Eberle J. (2009) 'Single-point mutations causing more than 100-fold underestimation of human immunodeficiency virus type 1 (HIV-1) load with the cobas TaqMan HIV-1 real-time PCR assay'. *J Clin Microbiol,* 47:1238-1240.

145. Krishnan L., Engelman A.J. (2012) 'Retroviral integrase proteins and HIV-1 DNA integration'. *Biol Chem,* 287(49):40858-40866.

146. Kuiken C., Thakallapalli R., Esklid A., Ronde A.de. (2000) "Genetic analysis reveals epidemiological patterns in the spread of human immunodeficiency virus" [A análise genética revela padrões epidemiológicos na propagação do vírus da imunodeficiência humana]. *Am J Epidemiol,* 152:814-822.

147. Kumar M., Jain S.K., Pasha S.T., Chattopadhaya D., Lal S., Rai A. (2006) 'Genomic diversity in the regulatory nef gene sequences in Indian isolates of HIV type 1: emergence of a distinct subclade and predicted implications'. *AIDS Res Hum Retroviruses,* 22:12061219.

148. Kumarasamy N., Madhavan V., Venkatesh K.K., Saravanan S., Kantor R., *et al.* (2009) 'High frequency of clinically significant mutations after first-line generic highly active antiretroviral therapy failure: implications for second-line options in resource-limited settings'. *Clin Infect Dis,* 49:306-309.

149. Kumarasamy N., Patel A., Pujari S. (2011) "Antiretroviral therapy in Indian setting: When & that to start with, when & what to switch to?". *Indian J Med Res,* 134:787-800.

150. Kurle S., Tripathy S., Jadhav S., Agnihotri K., Paranjape R. (2004) 'Full-length gag sequences of HIV type 1 subtype C recent seroconverters from Pune, India'. *AIDS Res Hum Retroviruses,* 20:1113-1118.

151. Kurle S., Tripathy S., Jadhav S., *et al.* (2004) 'Full-length gag sequences of HIV type 1 subtype C recent seroconverters from Pune, India'. *AIDS Res. Hum. Retrovir,* 20:11131118.

152. Labbett W., Garcia-Diaz A., Fox Z., Clewley G.S., Fernandez T., Johnson M., Geretti A.M. (2009) "Comparative evaluation of the ExaVir load version 3 reverse transcriptase assay for measurement of human immunodeficiency virus type 1 plasma load" [Avaliação comparativa do ensaio de transcriptase reversa ExaVir load versão 3 para a medição da carga plasmática do vírus da imunodeficiência humana de tipo 1]. *Journal of Clinical Microbiology,* 47(10):3266-3270.

153. Lakhashe S., Thakar M., Godbole S., Tripathy S., Paranjape R. (2008) 'HIV infection in India: epidemiology, molecular epidemiology and pathogenesis'. *JBiosci,* 33:515-525.

154. Lalezari J.P., Henry K., O'Hearn M., Montaner J.S., Piliero P.J., Trottier B., Walmsley S., Cohen C., Kuritzkes D.R., Eron J.J. Jr, *et al.* (2003) 'Enfuvirtide, an HIV-1 fusion inhibitor, for drug-resistant HIV infection in North and South America'. *N Engl J Med.,* 348:2175-2185.

155. Larder B.A., Kemp S.D. (1989) "Multiple mutations in HIV-1 reverse transcriptase conferem resistência de alto nível à zidovudina (AZT)". *Science,* 246:1155-1158.

156. Larkin M.A., Blackshields G., Brown N.P., Chenna R., McGettigan P.A., McWilliam H., Valentin F., Wallace I.M., Wilm A., Lopez R,. Thompson J.D., Gibson T.J., Higgins D.G. (2007) 'Clustal W e Clustal X versão 2.0'. *Bioinformatics,* 23(21):2947-2948.

doi:10.1093/bioinformatics/btm404.

157. Lataillade M., Chiarella J., Kozal M.J. (2007) 'Natural polymorphism of the HIV-1 integrase gene and mutations associated with integrase inhibitor resistance'. *Antivir Ther.*, 12(4):563-570.

158. Lataillade M., Kozal M.J. (2006) "The hunt for HIV-1 integrase inhibitors" [A caça aos inibidores da integrase do VIH-1]. *AIDS Patient Care STDS,* 20:489-501.

159. Laursen L. (2012) 'Point-of-care tests proned to alter course of HIV treatment'. *Nature Medicine,* 18:1156.doi:10.1038/nm0812-1156.

160. Le Rouzic E., Benichou S. (2005) 'The Vpr protein from HIV-1: distinct roles along the viral life cycle'. *Retrovirology,* 2:11. doi:10.1186/1742-4690-2-11.

161. Levy D.N., Aldrovandi G.M., Kutsch O., Shaw G.M. (2004) 'Dynamics of HIV-1 recombination in its natural target cells'. *Proc Natl Acad Sci USA,* 101(12):4204-4209.

162. Li J.S., Tong S.P., Vitvitski L., Lepot D., Trepo C. (1991) "Evidence of two major genotypes of hepatitis C virus in France and close relatedness of the predominant one with the prototype virus". *J. Hepatol.,* 13(4):S33-S37.

163. Li J.S., Tong S.P., Vitvitski L., Lepot D., Trepo C. (1991) 'Two French genotypes of hepatitis C virus: homology of the predominant genotype with the prototype American strain'. *Gene,* 105:167-172.

164. Liang T.J., Rehermann B., Seeff L.B., Hoofnagle J.H. (2000) 'Pathogenesis, natural history, treatment, and prevention of hepatitis C'. *Ann Intern Med,* 132:296-305.

165. Liu T.F., Shafer R.W. (2006) 'Web resources for HIV type 1 genotypic-resistance test interpretation'. *Clin Infect Dis,* 42:1608-1618.

166. Liu Y., Liu H., Kim B.O., *et al.* (2004) "Infeção de astrócitos independente de CD4 pelo vírus da imunodeficiência humana tipo 1: requisito para o recetor de manose humano". *J Virol,* 78:4120-4133.

167. Loizidou E.Z., Kousiappa I., Zeinalipour-Yazdi C.D., Van de Vijver D.A., Kostrikis L.G. (2009) "Implications of HIV-1 M group polymorphisms on integrase inhibitor efficacy and resistance: genetic and structural in silico analyses" [Implicações dos polimorfismos do grupo M do VIH-1 na eficácia e resistência dos inibidores da integrase: análises genéticas e estruturais in silico]. *Biochemistry,* 48:4-6.

168. Lole K.S., Bollinger R.C., Paranjape R.S., Gadkari D., Kulkarni S.S., Novak N.G., Ingersoll R., Sheppard H.W., Ray S.C. (1999) 'Full-length human immunodeficiency virus type 1 genomes from subtype C-infected seroconverters in India, with evidence of intersubtype recombination'. *J Virol.,* 73:152-160.

169. Lopez-Labrador F.X., Ampurdanes S., Forns X., Castells A., Saiz J.C., Costa J., Bruix J., Sanchez Tapias J.M., Jimenez de Anta M.T., Rodes J. (1997) 'Hepatitis C virus (HCV) genotypes in Spanish patients with HCV infection: relationship between genotype 1b, cirrhosis and hepatocellular carcinoma'. *J Hepatol,* 27:959-965.

170. Louis J.M., Ishima R., Torchia D.A., Weber I.T. (2007) "HIV-1 protease: Structure, dynamics, and inhibition" (Estrutura, dinâmica e inibição). *Adv. Pharmacol,* 55:261-298.

171. Low A., Prada N., Topper M., Vaida F., Castor D., Mohri H., Hazuda D., Muesing M., Markowitz M. (2009) "Natural polymorphisms of human immunodeficiency virus type 1 integrase and inherent susceptibilities to a panel of integrase inhibitors" [Polimorfismos naturais da integrase do vírus da imunodeficiência humana de tipo 1 e susceptibilidades inerentes a um painel de inibidores da integrase]. *Antimicrob. Agents Chemother,* 53:4275-4282.

172. Lu L., Jia M., Ma Y., Yang L., Chen Z., Ho D.D., Jiang Y., Zhang L. (2008) 'The changing face of HIV in China'. *Nature,* 455:609-611.

173. Malet I., Delelis O., Valantin M.A., Montes B., Soulie C., Wirden M., Tchertanov L., Peytavin G., Reynes J., Mouscadet J.F., Katlama C., Calvez V., Marcelin A.G. (2008) 'Mutações associadas ao insucesso do tratamento com raltegravir afectam a sensibilidade da integrase ao inibidor in vitro'. *Antimicrob. Agents Chemother,* 52:1351-1358.

174. Mandal D., Jana S., Bhattacharya S., Chakrabarti S. (2002) 'HIV type 1 subtypes circulating in eastern and northeastern regions of India'. *AIDS Res. Hum. Retrovir.,* 18:1219-1227.

175. Mansky L.M. (2002) 'HIV mutagenesis and the evolution of antiretroviral drug resistance'. *Drug Resist Updat,* 5(6):219-223.

176. Marinello J., Marchand C., Mott B.T., Bain A., Thomas C.J., Pommier Y. (2008) 'Comparison of raltegravir and elvitegravir on HIV-1 integrase catalytic reactions and on a series of drug-resistant integrase mutants'. *Biochemistry,* 47:9345-9354.

177. Markowitz M., Morales-Ramirez J.O., Nguyen B.Y., Kovacs C.M., Steigbigel R.T., Cooper D.A., Liporace R., Schwartz R., Isaacs R., Gilde L.R., Wenning L., Zhao J., Teppler H. (2006) 'Antiretroviral activity, pharmacokinetics, and tolerability of MK- 0518, a novel inhibitor of HIV-1 integrase, dosed as monotherapy for 10 days in treatment-naive HIV-1-infected individuals'. *J. Acquir. Immune Deflc. Syndr.,* 43:509515.

178. Markowitz M., Nguyen B.Y., Gotuzzo E., Mendo F., Ratanasuwan W., Kovacs C., Prada G., Morales-Ramirez J.O., Crumpacker C.S., Isaacs R.D., Gilde L.R., Wan H., Miller M.D., Wenning L.A., Teppler H. (2007) "Efeito antirretroviral rápido e duradouro do raltegravir, inibidor da integrase do VIH-1, como parte da terapêutica de combinação em doentes virgens de tratamento com infeção pelo VIH-1: resultados de um estudo controlado de 48 semanas". *JAcquir Immune Deflc Syndr,* 46:125-133.

179. Martin-Carbonero L., Soriano V., Valencia E., Garcia-Sameniego J., Lopez M., Gonzalez-Lahoz J. (2001) 'Increasing impact of chronic viral hepatitis on hospital admission and mortality among HIV-infected patients'. *AIDS Res Hum Retrovir,* 17:1467-1471.

180. Martinez-Picado J., Prado J.G., Fry E.E., Pfafferott K., Leslie A., *et al.* (2006) 'Fitness cost of escape mutations in p24 Gag in association with control of human immunodeficiency virus type 1'. *J Virol.,* 80:3617-3623.

181. Marx J.L. (1984) 'Strong new candidate for AIDS agent'. *Science,* 4 de maio. 224(4648):475- 477.

182. Marx J.L. (1985) 'A virus by any other name^'. *Science,* 22 de março. 227(4693):1449-1451.

183. McColl D.J., Chen X. (2010) 'Strand transfer inhibitors of HIV-1 integrase: Bringing IN a new era of antiretroviral therapy'. *Antiviral Res,* 85:101-118.

184. Mehta N., Trzmielina S., Nonyane B., Eliot M.N., Lin R., Foulkes A.S., McNeal K., Ammann A., Eulalievyolo V., Sullivan J.L., Luzuriaga K., Somasundaran M. (2009) 'Low-cost HIV-1 diagnosis and quantification in dried blood spots by real time PCR'. *PLoS One,* 4(6):e5819. doi:10.1371/journal.pone.0005819.

185. Menendez-Arias L., Martinez M.A., Quinones-Mateu M.E., Martinez-Picado J. (2003) 'Fitness variations and their impact on the evolution of antiretroviral drug resistance'. *Curr. Drug Targets,* 3:355-371.

186. Meyer P.R., Matsuura S.E., So A.G., Scott W.A. (1998) 'Unblocking of chain-terminated primer by HIV-1 reverse transcriptase through a nucleotide-dependent mechanism'. *Proc. Natl. Acad. Sci. USA,* 95:13471-13476.

187. Mishra M., Vetrivel S., Siddappa N.B., Ranga U., Seth P. (2008) 'Clade-specific differences in neurotoxicity of human immunodeficiency virus-1 B and C Tat of human neurons: significance of dicysteine C30C31 motif. *Ann. Neurol,* 63:366-376.

188. Mitsuya Y., Winters M.A., Fessel W.J., Rhee S.Y., Slome S., Flamm J., Horberg M., Hurley L., Klein D., Shafer R.W. (2006) 'HIV-1 drug resistance genotype results in patients with plasma samples with HIV-1 RNA levels less than 75 copies/mL'. *J Acquir Immune Defic Syndr,* 43(1):56-59.

189. MMWR Weekly (1982) 'Epidemiologic notes and Reports Pneumocystis carinn Pneumonia among persons with hemophilia A', 16 de julho, 31(27):365-367.

190. Mocroft A., Ledergerber B., Katlama C., Kirk O., Reiss P., d'Arminio Monforte A., Knysz B., Dietrich M., Phillips A.N., Lundgren J.D., (2003) 'EuroSIDA study group. Decline in the AIDS and death rates in the EuroSIDA study: an observational study". *Lancet*, 362(9377):22-29.

191. Mohammad M., Talel G., Sheikhian A., Ebrahimzade F., Pournia Y., Ghasemi E., Boroun H. (2009) 'Survey of both hepatitis B virus (HBsAg) and hepatitis C virus (HCV-Ab) coinfection among HIV positive patients'. *Revista de Virologia,* 6:202.doi: 10.1186/1743-422X- 6-202.

192. Murtagh M.M., Peter T.F. (2010) 'ART 2.0: implications for diagnostics in resourcelited settings'. Iniciativa ClintonHealth Access.

193. NACO. HIV Sentinel surveillance and HIV estimation in India (Vigilância sentinela do VIH e estimativa do VIH na Índia). 2007. Disponível em: http://www.nacoonline.org/upload/Publication/M&E%20Surveillance,%20Research/HIV%20Sentinel%20Surveillance%20and%20HIV%20Estimation%202007_A%20Technical%20Brief.pdf .

194. Naeger L.K., Margot N.A., Miller M.D. (2002) "Remoção dependente de ATP dos inibidores nucleósidos da transcriptase reversa pela transcriptase reversa do vírus da imunodeficiência humana tipo 1". *Antimicrob Agents Chemother,* 46:2179-2184.

195. Naggie S., Sulkowski M.S., Lalezari J.P., *et al.* (2014) 'All-oral therapy with sofosbuvir plus ribavirin for the treatment of HCV genotype 1, 2, and 3 infection in patients coinfected with HIV (PHOTON-1)'. *21ª Conferência sobre Retrovírus e Infecções Oportunistas (CROI).* Resumo 26, 3 a 6 de março, Boston, MA.

196. Programa Nacional de Controlo da SIDA: Orientações operacionais para os serviços de TARV; julho de 2012, http://www.naco.gov.in/NACO/Quick_Links/Publication/Treatment_CareSupport/Operational Technical_guidelines_and_policies/Operational_guidelines_for_ART_services__/

197. Neogi U., Bontell I., Shet A., De Costa A., Gupta S., *et al.* (2012) "Epidemiologia molecular dos subtipos de VIH-1 na Índia: Origin and Evolutionary History of the Predominant Subtype C" [Origem e história evolutiva do subtipo C predominante]. *PLoS ONE,* 7(6):e39819.doi:10.1371/ journal.pone.0039819.

198. Neogi U., Sood V., Banerjee S., Ghosh N., Verma S., Samrat S., Sharma Y., Saxena A., Husain S., Ramchandran V.G., Das S., Sreedhar K.V., Goel N., Wanchu A., Banerjea A.C. (2009) "Global HIV-1 molecular epidemiology with special reference to genetic analysis of HIV-1 subtypes circulating in North India: functional and pathogenic implications of genetic variation" [Epidemiologia molecular global do VIH-1 com especial referência à análise genética dos subtipos de VIH-1 que circulam no Norte da Índia: implicações funcionais e patogénicas da variação genética]. *Indian J Exp Biol,* 47:424-431.

199. Neogi U., Sood V., Goel N., Wanchu A., Banerjea A.C. (2008) 'Novel HIV-1 long terminal repeat (LTR) sequences of Subtype B and mosaic intersubtype B/C recombinants in North India'. *Arch Virol,* 153:1961-1966.

200. Neogi U., Sood V., Ronsard L., Singh J., Lata S., Ramchandran V.G., Das S., Wanchu A., Banerjea A.C. (2011) 'Genetic architecture of HIV-1 genes circulating in north India and their functional implications'. *Indian J Med Res,* 134(6):769-778.

201. Neukam K., Camacho A., Caruz A., Rallon N., Torres-Cornejo A., Rockstroh J.K., Macias J., Rivero A., Benito J.M., Lopez-Cortes L.F., Nattermann J., Gomez-Mateos J., Soriano V., Pineda J.A. (2012) 'Prediction of response to pegylated interferon plus ribavirin in HIV/hepatitis C virus (HCV) coinfected patients using HCV genotype, IL28 variations, and HCV-RNA load'. *Journal of Hepatology,* 56:788-794.

202. Nguyen M.H., Keeffe E.B. (2005) 'Prevalence and treatment of hepatitis C virus genotypes 4, 5, and 6'. *Clin Gastroenterol Hepatol,* 3:S97-101.

203. Nousbaum J.B., Pol S., Nalpas B., Landais P., Berthelot P., Brechot C. (1995) "Hepatitis C virus type 1b (II) infection in France and Italy". *Ann Intern Med,* 122:161-168.

204. Okamoto H., Kojima M., Sakamato M., Iizuka H., Hadiwandowo S., Suwignyo S., Miyakawa Y., Mayumi M. (1994) ' The entire nucleotide sequence and classification of a hepatitis C virus isolate of a novel genotype from an Indonesian patient with chronic liver disease'. *J. Gen. Virol.,* 75:629-635.

205. Okamoto H., Kurai K., Okada S., Yanamoto K., Lizuka H., Tanaka T., Fukuda S., Tsuda F., Mishiro S. (1992) 'Full-length sequence of a hepatitis C virus having poor homology to reported isolates: comparative study of four distinct genotypes'. *Virologia,* 188:331-341.

206. Okamoto H., Okada S., Sugiyama Y., Kurai K., Iizuka H., Machida A., Miyakawa Y., Mayumi M. (1991) "Nucleotide sequence of the genomic RNA of hepatitis C virus isolated from a human carrier: comparison with reported isolates for conserved and divergent regions". *J. Gen. Virol.,* 72:2697-2704.

207. Oleske J., Minnefor A., Cooper R. Jr, Thomas K., dela Cruz A., Ahdieh H., Guerrero I., Joshi V.V., Desposito F. (1983) "Immune Deficiency Syndrome in children". *Jornal da Associação Americana de Medicina*, 249(17):2345-2349.

208. Palella F.J. Jr., Delaney K.M., Moorman A.C., Loveless M.O., Fuhrer J., *et al.* (1998) 'Declining morbidity and mortality among patients with advanced human immunodeficiency virus infection'. *N Engl J Med,* 338(13):853-860.

209. Palella Jr F.J., Armon C., Buchacz K., Cole S.R., Chmiel J.S., Novak R.M., Wood K., Moorman A.C., Brooks J.T. (2009) 'The association of HIV susceptibility testing with survival among HIV infected patients receiving antiretroviral therapy: a cohort study'. *Ann Intern Med,* 151(2):73-84.

210. Palker T.J., Clark M.E., Langlois A.J., *et al.* (1988) 'Type-specific neutralization of the human immunodeficiency virus with antibodies to env-encoded synthetic peptides'. *Proceedings*

of the National Academy of Sciences, U.S.A., 85:1932- 1936.

211. Palmer S., Kearney M., Maldarelli F., Halvas E.K., Bixby C.J., Bazmi H., Rock D., Falloon J., Davey R.T. Jr, Dewar R.L., Metcalf J.A., Hammer S., Mellors J.W., Coffin J .M. (2005) 'Multiple, linked human immunodeficiency virus type 1 drug resistance mutations in treatment-experienced patients are missed by standard genotype analysis'. *J Clin Microbiol,* 43(1):406-413.

212. Painel de Diretrizes Anti-retrovirais para Adultos e Adolescentes. Guidelines for the use of antiretroviral agents in HIV-1-infected adults and adolescents (Diretrizes para a utilização de agentes anti-retrovirais em adultos e adolescentes infectados pelo VIH-1). Departamento de Saúde e Serviços Humanos dos EUA. 2012 Mar; 1-239. http://www.aidsinfo.nih.gov/contentfiles/adultandadolescentgl.pdf

213. Pannecouque C., Pluymers W., Van Maele B., Tetz V., Cherepanov P., De Clercq E., Witvrouw M., Debyser Z. (2002) 'New class of HIV integrase inhibitors that block viral replication in cell culture'. *Curr. Biol.,* 12:1169-1177

214. Parkin N., de Mendoza C., Schuurman R., Jennings C., Bremer J., *et al.* (2012) 'Evaluation of in-house genotyping assay performance using dried blood spot specimens in the Global World Health Organization laboratory network'. *Clin Infect Dis,* 54(S4): S273-S279.

215. Peeters M., Gueye A., Mboups S., *et al.* (1997) 'Geographic distribution of HIV-1 group O viruses in Africa'. *AIDS,* 11:493-498.

216. Peeters M., Toure-Kane C., Nkengasong J.N. (2003) 'Genetic diversity of HIV in Africa: impact on diagnosis, treatment, vaccine development and trials'. *AIDS,* 17:2547-2560.

217. Perelson A.S., Neumann A.U., Markowitz M., Leonard J.M., Ho D.D. (1996) 'HIV-1 dynamics in vivo: Virion clearance rate, infected cell life-span, and viral generation time'. *Science,* 271(5255):1582-1586.

218. Piroth L., Duong M., Quantin C., Abrahamowicz M., Michardiere R., Aho L.S., Grappin M., Buisson M., Waldner A., Portier H., Chavanet P. (1998) 'Does hepatitis C virus coinfection accelerate clinical and immunological evolution of HIV-infected patients? *AIDS,* 12(4):381-388.

219. Pommier Y., JohnsonA.A., Marchand C. (2005) 'Integrase inhibitors to treat HIV/AIDS'. *Nat. Rev. Drug Discov.,* 4:236-248

220. Pouillot R., Lachenal G., Pybus O.G., Rousset D., Njouom R. (2008) 'Variable epidemic histories of hepatitis C virus genotype 2 infection in West Africa and Cameroon'. *Infect Genet Evol,* 8:676-681.

221. Puoti M., Spinetti A., Ghezzi A., Donato F., Zaltron S., Putzolu V., Quiros-Roland E., Zanini B., Casari S., Carosi G. (2000) 'Mortality for liver disease in patients with HIV- infection: a cohort study'. *JAcquir Immune Defic Syndr,* 24:211-217.

222. Raghuraman S., Abraham P., Sridharan G., Daniel H.D., Ramakrishna B.S., Shaji R.V. (2004) 'HCV genotype 4 - an emerging threat as a cause of chronic liver disease in Indian (South) patients'. *J Clin Virol,* 31:253-258.

223. Raghuraman S., Abraham P., Sridharan G., Ramakrishna B.S. (2005) 'Hepatitis C virus genotype 6 infection in India'. *Indian J Gastroenterol,* 24:72-73.

224. Raghuraman S., Shaji R.V., Sridharan G., Radhakrishnan S., Chandy G., Ramakrishna B.S., Abraham P. (2003) 'Distribution of the different genotypes of HCV among patients attending a tertiary care hospital in south India'. *J Clin Virol,* 26:61-69.

225. Ramalingam S., Kannangai R., Vijayakumar T.S., *et al.* (2005) 'Subtype & cytokine profiles of HIV infected individuals from south India'. *Indian J. Med. Res.,* 121:226-234.

226. Ranga U., Shankarappa R., Siddappa N.B., Ramakrishna L., Nagendran R., Mahalingam M., Mahadevan A., Jayasuryan N., Satishchandra P., Shankar S.K., Prasad V.R. (2004) "Tat protein of human immunodeficiency virus type 1 subtype C strains is a defective chemokine". *J Virol,* 78:2586-2590.

227. Reed K.E., Rice C.M. (2000) 'Overview of hepatitis C virus genome structure, polyprotein processing, and protein properties'. *Curr Top Microbiol Immunol,* 242:55-84.

228. Reuman E.C., Bachmann M.H., Varghese V., Fessel W.J., Shafer R.W. (2010) "Painel de clones moleculares infecciosos prototípicos resistentes ao raltegravir num novo vetor de clonagem com exclusão da integrase". *Antimicrob Agents Chemother,* 54(2):934-936.

229. Richard N., Salomon H., Rando R., Mansour T., Bowlin T.L., Wainberg M.A. (2000) "Seleção e caraterização de variantes do vírus da imunodeficiência humana de tipo 1 resistentes a enantiómeros de 2-deoxi-3-oxa-4-tio-5-fluorocitidina". *Antimicrob. Agents Chemother,* 44:1127-1131.

230. Rittinger K., Divita G., Goody R.S. (1995) "Human immunodeficiency virus reverse transcriptase substrate-induced conformational changes and the mechanism of inhibition by nonnucleoside inhibitors". *Proc. Natl. Acad. Sci. USA,* 92:8046-8049.

231. Rivas-Estilla A.M., Cordero-Pérez P., Trujillo-Murillo Kdel C., Ramos-Jiménez J., Chen-López C., Garza-Rodríguez Mde L., Ramirez-Gutierrez A., Munoz-Espinosa L. (2008) 'Genotyping of hepatitis C virus (HCV) in infected patients from Northeast Mexico'. *Ann Hepatol,* 7:144-7.

232. Roa V.R., Neogi U., Eugenin E., Prasad V.R. (2014) 'A proteína gp120 é um segundo determinante da diminuição da neurovirulência dos isolados indianos de VIH-1C em comparação com os isolados de VIH-1C da África Austral'. *PloS One.* 9(9): e107074. doi:10.1371/journal.pone.0107074

233. Rockstroh J., Konopnicki D., Soriano V. (2004) 'Hepatitis B and hepatitis C in the

EuroSIDA cohort: prevalence and effect on mortality, AIDS, progression and response to HAART; abstr 799'. 11ª Conferência sobre Retrovírus e Infecções Oportunistas, São Francisco, CA, EUA, 8-11 de fevereiro de 2004.

234. Rockstroh J.K. (2006) "Influence of viral hepatitis on HIV infection" [Influência da hepatite viral na infeção pelo VIH]. *J Hepatol,* 44:525527.

235. Rockstroh J.K., Spengler U. (2004) "HIV and hepatitis C virus co-infection". *Infectious disease,* 4:437-444.

236. Rodriguez M.A., Shen C., Ratner D., Paranjape R.S., Kulkarni S.S., Chatterjee R., Gupta P. (2007) 'Genetic and functional characterization of the LTR of HIV-1 subtypes A and C circulating in India'. *AIDS Res. Hum. Retroviruses,* 23:1428-1433.

237. Rodriguez-Mendez M.L., Gonzalez-Quintela A., Carballo E., Barrio E. (2003) 'Association of HCV and HBV markers in Spanish HIV-seropositive patients in relation to risk practices'. *Hepatogastroenterology,* 50:2093-2097.

238. Rook A.H., Lane H.C., Folks T., *et al.* (1987) 'Sera from HTLV-III/LAV antibodypositive individuals mediate antibody-dependent cellular cytotoxicity against HTLV-III/LAV-infected T cells'. *Journal of Immunology,* 138:1064-1067.

239. Rosenthal E., Poiree M., Pradier C., Perronne C., Salmon-Ceron D., Geffray L., Myers R.P., Morlat P., Pialoux G., Pol S., Cacoub P. (2003) 'Mortality due to hepatitis C related liver disease in HIV infected patients in France (Mortavic 2001 study)'. *SIDA,* 17:18031809.

240. Rotman Y. e Liang T.J. (2009) "Coinfecção com o vírus da hepatite C e o vírus da imunodeficiência humana: resultados virológicos, imunológicos e clínicos". *Journal of Virology,* 83(15):7366-7374.

241. Sadhukhan P., Saha K., Firdaus R., Biswas A., Mukherjee A. (2014) 'Uma tendência crescente do genótipo 1 do vírus da hepatite C entre a população do grupo de alto risco no leste da Índia'. *Jornal de Hepatologia Clínica e Experimental,* 4(S2): S6-S29.

242. Sahni A.K., Kapila K., Gupta R.M. (2008) "Divergent strains of human immunodeficiency virus type I circulating in India, subtyped by heteroduplex mobility assay" [Estirpes divergentes do vírus da imunodeficiência humana de tipo I que circulam na Índia, subtipadas por ensaio de mobilidade heteroduplex]. *Indian Journal of Pathology and Microbiology,* 51:353-359.

243. Sahni A.K., Prasad V.V., Seth P. (2002) 'Genomic diversity of human immunodeficiency virus type-1 in India'. *Int J STD AIDS,* 13:115-118.

244. Saitou N., Nei M. (1987) "The neighbor-joining method. A new method for reconstructing phylogenetic trees". *Molecular Biology and Evolution,* 4:406-425.

245. Sakamoto M., Akahane Y., Tsuda F., Tanaka T., Woodfield D.G., Okamoto H. (1994)

"Sequência nucleotídica completa e caraterização de um vírus da hepatite C do genótipo V/3a". *J. Gen. Virol.,* 75:1761-1768.

246. Sanchez-Quijano A., Andreu J., Gavilan F., Lugue F., Abad M.A., Soto B., Munoz J., Aznar J.M., Leal M., Lissen E. (1995) "Influence of human immunodeficiency virus type 1 infection on the natural history of chronic parenteral acquired hepatitis C". *Eur J Clin Microbiol Infect Dis,* 14:949-953.

247. Saravanan S., Vidya M., Balakrishnan P., Kumaraswamy N., Solomon S.S., *et al.* (2009) "Avaliação de dois sistemas de genotipagem do vírus da imunodeficiência humana-1: ViroSeq 2.0 and an in-house method" [ViroSeq 2.0 e um método interno]. *J Virol Methods,* 159(2):211-216.

248. Sato M., Motomura T., Aramaki H., Matsuda T., Yamashita M., Ito Y., Kawakami H., Matsuzaki Y., Watanabe W., Yamataka K., Ikeda S., Kodama E., Matsuoka M., Shinkai H. (2006) "Novel HIV-1 integrase inhibitors derived from quinolone antibiotics". *J. Med. Chem.,* 49:1506-1508.

249. Schinazi R. F., Lloyd R.M., Nguyen M.Jr., Cannon D.L., McMillan A., Ilksoy N., Chu C.K., Liotta D.C., Bazmi H.Z., Mellors J.W. (1993) Characterization of human immunodeficiency viruses resistant to oxathiolane-cytosine nucleosides. *Antimicrob. Agents Chemother.* 37:875-881.

250. Selik R.M., Byers R.H. Jr., Dworkin M.S. (2002) 'Trends in diseases reported on US death certificates that mention HIV infection, 1987-1999'. *J Acquir Immune Defic Syndr*, 29:378-387.

251. Selik R.M., Mokotoff E.D., Branson B., *et al.* (2014) 'Revised surveillance case definition for HIV infection - United States, 2014'. *MMWR Recomm Rep,* 63:1-10. (http://www.cdc.gov/mmwr/pdf/rr/rr 6303.pdf)

252. Sen S., Tripathy S.P., Patil A.A., Chimanpure V.M., Paranjape R.S. (2007) 'High prevalence of human immunodeficiency virus type 1 drug resistance mutations in antiretroviral treatment-experienced patients from Pune, India'. *AIDS Res Hum Retroviruses,* 23(10):1303-1308.

253. Sengupta S., Jana S., Roy P., Sarkar K., Bhattacharya S.K., Chakrabarti S. 'Phylogenetic analysis of the p24-p7 region of the human immunodeficiency virus type 1 gag gene to determine subtype distribution among female sex workers in Calcutta, India'. *J Clin Microbiol.,* 43:5787-5791.

254. Shahid J., Mohammad Z., Ahmad M., *et al.* (1996) 'A genetic analysis of HIV-1 from Punjab, India reveals the presence of multiple variants'. *AIDS,* 9:685-690.

255. Shankarappa R., Chatterjee R., Learn G.H., Neogi D., Ding M., *et al.* (2001) 'Human immunodeficiency virus type 1 env sequences from Calcutta in eastern India: identification of

features that distinguish subtype C sequences in India from other subtype C sequences'. *J Virol,* 75:10479-10487.

256. Sharp P.M., Hahn B.H. (2011) 'Origins of HIV and the AIDS pandemic' (Origens do VIH e da pandemia de SIDA). *Cold Spring Harb PerspectMed,* 1(1):a006841.doi:10.1101/cshperspect.a006841.

257. Sheehy A.M., Gaddis N.C., Choi J.D., Malim M.H. (2002) "Isolamento de um gene humano que inibe a infeção pelo HIV-1 e é suprimido pela proteína viral Vif". *Nature,* 418:646650.

258. Shehu-Xhilaga M., Tachedjian G., Crowe S.M., Kedzierska K. (2005) "Antiretroviral compounds: Mechanisms underlying failure of HAART to eradicate HIV-1". *Curr Med Chem,* 12:1705-1719.

259. Shen C., Craigo J., Ding M., Chen Y., Gupta P. (2011) 'Origin and dynamics of HIV-1 subtype C infection in India'. *PLoS ONE,* 6(10):e25956. doi:10.1371/journal.pone.0025956.

260. Sherman K.E., O'Brien J., Gutierrez A.G., Harrison S., Urdea M., Neuwald P., Wilber J. (1993) 'Quantitative evaluation of hepatitis C virus RNA in patients with concurrent human immunodeficiency virus infections'. *J Clin Microbiol,* 31:2679-2682.

261. Shermann K.E., Rouster S.D., Chung R.T., Rajicic N. (2002) 'Hepatitis C virus prevalence among patients infected with human immunodeficiency virus: a crosssectional analysis of the US adult AIDS Clinical Trials Group'. *Clin Infect Dis,* 34:831837.

262. Sichtig N., Sierra S., Kaiser R., Daumer M., Reuter S., Schulter E., Altmann A., Fatkenheuer G., Dittmer U., Pfister H., Esser S. (2009) 'Evolution of raltegravir resistance during therapy'. *J. Antimicrob. Chemother,* 64:25-32.

263. Siddappa N.B., Dash P.K., Mahadevan A., Jayasuryan N., Hu F., Dice B., Keefe R., Satish K.S., Satish B., Sreekantahn K., Chatterjee R., Venu K., Satishchandra P., Ravi V., Shankar S.K., Shankarappa R., Ranga U. (2004) "Identification of subtype C human immunodeficiency virus type 1 by subtype-specific PCR and its use in the characterization of viruses circulating in the southern parts of India" [Identificação do vírus da imunodeficiência humana do subtipo C do tipo 1 por PCR específica do subtipo e sua utilização na caraterização de vírus que circulam nas regiões meridionais da Índia]. *J Clin Microbiol,* 42:2742-2751.

264. Simen B.B., Simons J.F., Hullsiek K.H., Novak R.M., Macarthur R.D., Baxter J.D., Huang C., Lubeski C., Turenhalk G.S., Braverman M.S., Desany B., Rothberg J.M., Egholm M., Kozal M.J. (2009) 'Low-abundance drug-resistant viral variants in chronically HIV-infected, antiretroviral treatment-naive patients significantly impact treatment outcomes'. *J Infect Dis,* 199(5): 693-701.

265. Simmonds P., Holmes E.C., Cha T.A., Chan S.W., McOmish F., Irvine B., Beall E., Yap

P.L., Kolberg J., Urdea M.S. (1993) "Classification of hepatitis C virus into six major genotypes and a series of subtypes by phylogenetic analysis of the NS-5 region". *J Gen Virol,* 74:2391-2399.

266. Simões E.A., Babu P.G., John T.J., *et al.* (1987) "Evidence for HTLV-III infection in prostitutes in Tamil Nadu (India)". *Indian J Med Res,* 85:335-338.

267. Singh H.K., Gupta A., Siberry G.K., Gupte N., Sastry J., Kinikar A., Shah I., Gangakhedkar R.R., Bollinger R.C., Kulkarni V. (2008) 'The Indian pediatric HIV epidemic: a systematic review'. *Curr HIV Res.,* 6:419-432.

268. Sinha S., Shekhar R.C., Ahmad H.S., Kumar N., Samantaray J.C., *et al.* (2012) 'Prevalence of HIV Drug Resistance Mutation in the Northern Indian Population after Failure of the First Line Antiretroviral Therapy'. *Current HIV Research,* 10(6):532-538.

269. Sivapalasingam S., Essajee S., Nyambi P.N., Itri V., Hanna B., Holzman R., Valentine F. (2005) 'Human immunodeficiency virus (HIV) reverse transcriptase activity correlates with HIV RNA load: implications for resource limited settings'. *Journal of Clinical Microbiology,* 43(8):3793-3796.

270. Sivapalasingam S., Wangechi B., Marshed F., Laverty M., Essajee S., Holzman R.S., Valentine F. (2009) 'Monitoring virologic responses to antiretroviral therapy in HIV- infected adults in Kenya: evaluation of a low-cost viral load assay'. *PLoS One,* 4(8):e6828. doi:10.1371/journal.pone.0006828.

271. Sollis K.A., Smit P.W., Fiscus S., Ford N., Vitoria M., Essajee S., Barnett D., Cheng B., Crowe S.M., Denny T., Landy A., Stevens W., Habiyambere V., Perrins J., Peeling R.W. (2014) 'Systematic review of the performance of HIV viral load technologies on plasma samples'. *PLoSOne,* 9(2):e85869. doi:10.1371/journal.pone.0085869.

272. Sood V., Rathore A., Husain S., Khan S., Patra S., Shankar V., Kumar H., Rani N., Bano A.S., Neogi U., Ramchandran V.G., Baneijea A.C. (2008) 'Host genes that affect progression of AIDS/HIV in India and novel gene therapeutic approaches against HIV'. *Indian JBiochem Biophys,* 45:141-148.

273. Soto B., Sánchez-Quijano A., Rodrigo L., del Olmo J.A., García-Bengoechea M., Hernández-Quero J., Rey C., Abad M.A., Rodríguez M., Sales Gilabert M., González F., Mirón P., Caruz A., Relimpio F., Torronteras R., Leal M., Lissen E. (1997) "Human immunodeficiency virus infection modifies the natural history of chronic parenteral acquired hepatitis C with an unusually rapid progression to cirrhosis". *J Hepatol,* 26:1-5.

274. Spence R.A., Kati W.M., Anderson K.S., Johnson K.A. (1995) 'Mechanism of inhibition of hiv-1 reverse transcriptase by nonnucleoside inhibitors'. *Science,* 267:988-993.

275. Steegen K., Luchters S., DeCabooter N., Reynaerts J., Mandaliya K., Plum J., Jaoko W., Verhofstede C., Temmerman M. (007) "Evaluation of two commercially available alternatives

for HIV-1 viral load testing in resource-limited settings" [Avaliação de duas alternativas comercialmente disponíveis para o teste da carga viral do VIH-1 em contextos de recursos limitados]. *Journal of Virological Methods,* 146(1-2):178-187.

276. Steigbigel R.T., Cooper D.A., Kumar P.N., Eron J.E., Schechter M., Markowitz M., Loutfy M.R., Lennox J.L., Gatell J.M., Rockstroh J.K., Katlama C., Yeni P., Lazzarin A., Clotet B., Zhao J., Chen J., Ryan D.M., Rhodes R.R., Killar J.A., Gilde L.R., Strohmaier K .M., Meibohm A.R., Miller M.D., Hazuda D.J., Nessly M.L., DiNubile M.J., Isaacs R.D., Nguyen B.Y., Teppler H. (2008) 'Raltegravir with optimized background therapy for resistant HIV-1 infection'. *N Engl J Med,* 359:339-354.

277. Sulkowski M., Hezode C., Gerstoft J., *et al.,* (2014) "Eficácia e segurança de 8 semanas versus 12 semanas de tratamento com grazoprevir (MK-5172) e elbasvir (MK-8742) com ou sem ribavirina em doentes com mono-infeção pelo genótipo 1 do vírus da hepatite C e co-infeção pelo vírus VIH/hepatite C (C-WORTHY): um ensaio aleatório de fase 2 aberto". *Lancet,* 11 de novembro. doi: 10.1016/S0140-6736(14)61793-1.

278. Sulkowski M.S. (2013) "Gestão atual da infeção pelo vírus da hepatite C em doentes com co-infeção pelo VIH". *J Infect Dis,* 207(1):S26-32.

279. Syvänen A.C. (2001) "Accessing genetic variation: genotyping single nucleotide polymorphisms". *Nat. Rev. Genet.,* 2(12):930-942.

280. Takahashi H., Cohen J., Hosmalin A., *et al.* (1988) 'An immunodominant epitope of the human immunodeficiency virus envelope glycoprotein gp160 recognized by class I major histocompatibility complex molecule-restricted murine cytotoxic T lymphocytes'. *Actas da Academia Nacional das Ciências, EUA,* 85:3105-3109.

281. Takahashi M., Yamada G., Miyamoto R., Doi T., Endo H., Tsuji T. (1993) "Natural course of chronic hepatitis C". *Am J Gastroenterol,* 88:240-243.

282. Takamizawa A., Mori C., Fuke I., Manabe S., Murkami S., Fujita J., Onishi E., Andoh T., Yoshida I., Okayama H. (1991) 'Structure and organization of the hepatitis C virus isolated from human carriers'. *J. Virol.,* 65:1105-1113.

283. Tamura K., Nei M. (1993) "Estimation of the number of nucleotide substitutions in the control region of mitochondrial DNA in humans and chimpanzees". *Molecular Biology and Evolution,* 10:512-526.

284. Tamura K., Nei M., Kumar S. (2004) "Prospects for inferring very large phylogenies by using the neighbor-joining method". *Actas da Academia Nacional das Ciências (EUA),* 101:11030-11035.

285. Tamura K., Peterson D., Peterson N., Stecher G., Nei M., Kumar S. (2011) 'MEGA5: Molecular Evolutionary Genetics Analysis using Maximum Likelihood, Evolutionary Distance,

and Maximum Parsimony Methods'. *Mol Biol Evol,* 28:2731-2739.

286. Tamura K., Stecher G., Peterson D., Filipski A., Kumar S. (2013) 'MEGA6: Molecular Evolutionary Genetics Analysis version 6.0'. *Biologia Molecular e Evolução,* 30:27252729.

287. Tang M.W., Shafer R.W. (2012) "Resistência antirretroviral do VIH-1: Princípios científicos e aplicações clínicas". *Drugs,* 72(9):e1-e25. doi: 10.2165/11633630-00000000000000.

288. Taye S., Abdulkerim A., Hussen M. (2014) "Prevalência de infecções pelos vírus da hepatite B e C entre pacientes com hepatite crónica no centro médico de Bereka, no sudeste da Etiópia: um estudo retrospetivo". *BMC Research notes,* 7:272.doi:10.1186/1756-0500-7- 272

289. Tee K.K., Pybus O.G., Li X.J., Han X., Shang H., Kamarulzaman A., Takebe Y. (2008) "Dinâmica temporal e espacial das formas recombinantes 08_BC e 07_BC do vírus da imunodeficiência humana de tipo 1 em circulação na Ásia". *J Virol,* 82:9206-9215.

290. Teigbigel R., Kumar P., Eron J., Schechter M., Markowitz M., Loutfy M., Zhao J., R. Isaacs R., Nguyen B.Y., Teppler H. (2007) Para o Grupo de Estudo BENCHMRK-2. Abstr. 105bLB. 14ª Conf. Retrovir. Opport. Infect.

291. Thong V.D., Akkarathamrongsin S., Poovorawan K., Tangkijvanich P., Poovorawan Y. (2014) 'Hepatitis C virus genotype 6: virology, epidemiology, genetic variation and clinical implication'. *World J Gasterenterol,* 20(11):2927-2940.

292. Tisdale M., Alnadaf T., Cousens D. (1997) "Combinação de mutações na transcriptase reversa do vírus da imunodeficiência humana tipo 1 necessárias para a resistência ao nucleósido carbocíclico 1592U89". *Antimicrob. Agents Chemother,* 41:1094-1098.

293. Tisdale M., Kemp S.D., Parry N.R., Larder B.A. (1993) "Seleção rápida in vitro do vírus da imunodeficiência humana tipo 1 resistente aos inibidores da 3-tiacitidina devido a uma mutação na região YMDD da transcriptase reversa". *Proc. Natl. Acad. Sci. USA,* 90:5653-5656.

294. Travers S.A., Clewley J.P., Glynn J.R., Fine P.E., Crampin A.C., Sibande F., Mulawa D., McInerney J.O., McCormack G.P. (2004) 'Timing and reconstruction of the most recent common ancestor of the subtype C clade of human immunodeficiency virus type 1'. *J Virol.,* 78:10501-10506.

295. Tripathy S., Renjifo B., Wang W.K., *et al.* (1996) 'Envelope glycoprotein 120 sequences of primary HIV type 1 isolates from Pune and New Delhi, India'. *AIDS Res. Hum. Retrovir,* 12:1199-1202.

296. Tripathy S.P., Kulkarni S.S., Jadhav S.D., Agnihotri K.D., Jere A.J., Kurle S.N., Bhattacharya S.K., Singh K., Tripathy S.P., Paranjape R.S. (2005) 'Subtype B and subtype C HIV type 1 recombinants in the northeastern State of Manipur, India'. *AIDS Res. Hum. Retroviruses,* 21:152-157.

297. Tsurutani N., Kubo M., Maeda Y., Ohashi T., Yamamoto N., Kannagi M., Masuda T. (2000) "Identification of critical amino acid residues in human immunodeficiency virus type 1 IN required for efficient proviral DNA formation at steps prior to integration in dividing and nondividing cells". *J. Virol.,* 74:4795-4806.

298. ONUSIDA, (2012) 'Global report: Relatório da ONUSIDA sobre a epidemia mundial de SIDA 2012".

299. ONUSIDA. 'Report on the global AIDS epidemic' (2013) http://www.unaids.org/en/media/unaids/contentassets/documents/epidemiology/2013/gr2013/UNAIDS_Global_Report_2013_en. pdf

300. UNITAID, (2012) 'HIV/AIDS diagnostic technology landscape', Tech. Rep.,OMS, Genebra, Suíça, 2012.

301. Usdin M., Guillerm M., Calmy A. (2010) "Patient needs and point-of-care requirements for HIV load testing in resource-limited settings" [Necessidades dos doentes e requisitos no local de prestação de cuidados para o teste de carga do VIH em contextos de recursos limitados]. *J Infect Dis,* 201(Suppl 1):S73-S77.

302. Vallet-Pichard A., Pol S. (2006) 'Natural history and predictors of severity of chronic hepatitis C virus (HCV) and human immunodeficiency virus (HIV) co-infection'. *J Hepatol,* 44:528-534.

303. Valliammai T., Thyagarajan S.P., Zuckerman A.J., Harrison T.J. (1995) "Diversity of genotypes of hepatitis C virus in southern India". *J Gen Virol,* 76:711-716.

304. Vandamme A.M., Camacho R.J., Ceccherini-Silberstein F., de Luca A., Palmisano L., Paraskevis D., Paredes R., Poljak M., Schmit J.C., Soriano V., Walter H., Sonnerborg A. (2011) 'European recommendations for the clinical use of HIV drug resistance testing: 2011 update'. *AIDS Rev,* 13(2):77-108.

305. Vidya M., Saravanan S., Uma S., Kumarasamy N., Solomon S.S., *et al.* (2009) 'Genotypic HIV type-1 drug resistance among patients with immunological failure to first-line antiretroviral therapy in South India'. *Antivir Ther,* 14:1005-1009.

306. von Reyn C.F., Mann J.M., Chin J. (1990) "International travel and HIV infection". *Bull World Health Organ,* 68(2):251-259.

307. Wainberg M.A., Miller D.M., Quan Y., Salomon H., Mulato A.S., Lamy P.D., Margot N.A., Anton K.E., Charrington J.M. (1999) 'Seleção e caraterização in vitro do HIV-1 com suscetibilidade reduzida à PMPA'. *Antivir. Ther.,* 4:87-94.

308. Wallis C.L., Papathanasopoulos M.A., Lakhi S., Karita E., Kamali A., *et al.* (2010) 'Affordable in-house antiretroviral drug resistance assay with good performance in nonsubtype B HIV-1'. *J Virol Methods,* 163:505-508.

309. Wang C., Mitsuya Y., Gharizadeh B., Ronaghi M., Shafer R.W. (2007) 'Characterization of mutation spectra with ultra-deep pyrosequencing: application to HIV-1 drug resistance. *Genome Res,* 17(8):1195-1201.

310. Weber J., Clapham P, Weiss R., *et al.* (1987) 'Human immunodeficiency virus infection in two cohorts of homosexual men: neutralizing sera and association of anti-gag antibody with prognosis'. *Lancet,* 1:119-122.

311. Westby M., Lewis M., Whitcomb J., Youle M., Pozniak A.L., James I.T., Jenkins T.M., Perros M., van der Ryst E. (2006) "O aparecimento de variantes do vírus da imunodeficiência humana de tipo 1 (VIH-1) que utilizam CXCR4 numa minoria de doentes infectados com VIH-1 após o tratamento com o maraviroc, um antagonista do CCR5, provém de um reservatório de vírus que utiliza CXCR4 antes do tratamento". *J Virol,* 80:4909-4920.

312. Westby M., Smith-Burchnell C., Mori J., Lewis M., Mosley M., Stockdale M., Dorr P., Ciaramella G., Perros M. (2007) 'Reduced maximal inhibition in phenotypic susceptibility assays indicates that viral strains resistant to the CCR5 antagonist maraviroc utilize inhibitor-bound recetor for entry'. *J. Virol.,* 81:2359-2371.

313. Organização Mundial da Saúde. Pacote de formação para laboratórios de resistência aos medicamentos contra o VIH, 2009: Validação do ensaio de genotipagem do VIH. (2009) Disponível em: http://www. who.int/hiv/pub/drugresistance/lab_training/en/

314. Organização Mundial de Saúde. WHO case definitions of HIV for surveillance and revised clinical staging and immunological classification of HIV-related disease in adults and children (Definições de casos de VIH da OMS para vigilância e estadiamento clínico revisto e classificação imunológica de doenças relacionadas com o VIH em adultos e crianças). Suíça: Organização Mundial da Saúde; 2007.

315. Wu Z., Sullivan S.G., Wang Y., Rotheram-Borus M.J., Detels R. (2007) 'Evolution of China's response to HIV/AIDS'. *Lancet,* 369:679-690.

316. Yuan Y., Maeda Y., Terasawa H., Monde K., Harada S., Yusa K.A. (2011) 'A combination of polymorphic mutations in V3 loop of HIV-1 gp120 can confer noncompetitive resistance to maraviroc'. *Virology,* 413(2):293-299. doi:10.1016/j.virol.2011.02.019.

317. Zachariah R., Reid S.D., Chaillet P., Massaquoi M., Schouten E.J., Harries A.D. (2011) "Viewpoint: why do we need a point-of-care CD4 test for low-income countries? *Medicina Tropical e Saúde Internacional,* 16(1):37-41.

318. Zein N.N. (2000) 'Clinical significance of hepatitis C virus genotypes' (Significado clínico dos genótipos do vírus da hepatite C). *Clin. Microbiol. Rev.,* 13(2):223-235.

319. Zhang J., Rhee S.Y., Taylor J., Shafer R.W. (2005) 'Comparison of the precision and sensitivity of the Antivirogram and PhenoSense HIV drug susceptibility assays'. *J Acquir Immune*

Defic Syndr, 38(4):439-441.

320. Zhong P., Burda S., Konings F., *et al.* (2003) "Genetic and biological properties of HIV type 1 isolates prevalent in villagers of the Cameroon equatorial rain forests and grass fields: further evidence of broad HIV type 1 genetic diversity". *AIDS Res Hum Retroviruses,* 19:1167-78.

321. Zhou Z., Wagar N., DeVos J.R., Rottinghaus E., Diallo K., *et al.* (2011) 'Optimization of a Low Cost and Broadly Sensitive Genotyping Assay for HIV-1 Drug Resistance Surveillance and Monitoring in Resource-Limited Settings'. *PLoS ONE,* 6(11):e28184. doi:10.1371/journal.pone.0028184.

MIX
Papier aus verantwortungsvollen Quellen
Paper from responsible sources
FSC® C105338

Printed by Books on Demand GmbH, Norderstedt / Germany